湛庐CHEERS

与最聪明的人共同进化

HERE COMES EVERYBODY

触感引擎

TOUCH

[美] 大卫・林登 著
David J. Linden
闫 佳 译

浙江人民出版社
ZHEJIANG PEOPLE'S PUBLISHING HOUSE

大卫·林登

大脑记忆存储秘密的发现者
突触可塑性研究领域的专家
脑科学普及大师

David J. Linden

从海洋生物学中走出的神经学家

TOUCH: THE SCIENCE OF HAND, HEART, AND MIND

你可以把海洋生物学作为终生职业，但你永远不知道你的观点是否正确。

林登生于 1961 年，是那种从小就立志要成为科学家的孩子。爸爸是当地有名的心理医生，妈妈是出版社的编辑，这使林登得以在人文与科学交互的家庭中汲取养分。在加州大学伯克利分校读大一时，林登在电视上看到了海洋探险家雅克・库斯托的节目，于是他便决定要成为一名海洋生物学家，不过他觉得大脑也非常酷。大二时，由于必须要在神经科学和海洋生物学之间做出选择，而林登对此又不置可否，于是他便辍学了。

一方面，林登想搞清楚自己是不是真的喜欢海洋生物学；另一方面，他也想赚很多钱，和女朋友开车游遍北美洲。于是，林登决定靠做职业潜水员赚钱，并同时收集海洋生物样本，调查海洋环境。这在当时可是 19 岁孩子所能做的最赚钱的合法工作了。

几年后，林登意识到，海洋生物学虽然充满乐趣，但神经科学却可以让他不停地寻找、验证一个个问题的答案，于是他决定重返大学。林登先后就读于加州大学伯克利分校和西北大学的脑化学与神经科学专业，并最终成了一名神经学家，就职于约翰・霍普金斯大学。由于很多有关记忆存储的重要问题都还没有得到解答，因此，林登选择将大脑的记忆存储机制作为自己的研究方向。

聚焦神经系统科学领域的新进展

TOUCH: THE SCIENCE OF HAND, HEART, AND MIND

我是一个控制狂，我应该属于实验室。

林登在约翰·霍普金斯大学医学院的实验室一干就是 20 多年，这一点在教授中很少见。林登对记录活细胞实时发出的信息十分上瘾，虽然有些实验需要 5 年的时间才能做成，但正如他自己所说："一些最激动人心的结果往往来自看似没有成功希望的实验。"

突触可塑性是构成记忆和学习的重要神经化学基础，林登在此领域取得了丰硕的成果，他发现了大脑储存记忆的新机制，并在很大程度上改变了人们对脑神经细胞的固有认识。人们通常认为，年轻的大脑回路具有很大的弹性，并最终会在成年期固定。林登和他的团队利用新技术观察了完整大脑中活神经元的工作，发现成年神经元并不会牢牢固定在某个地方。

过去认为，神经元之间连接的长期改变只包含一种快速的、只持续百分之一秒的大脑电信号形式。但林登和他的同事却发现了另一种慢得多的电信号形式，这种电信号持续时间大约为一秒，它也能长期改变，而这一机制也可能和上瘾行为有关。该发现对治疗成瘾、癫痫和其他与记忆相关的疾病有着重要的意义。基于这一研究，林登撰写了《寻找爽点》一书，试图解答大脑是如何启动我们的快乐按钮的。

在林登看来，大脑是一个"古怪、低效且奇特的混乱拼图"，是一个在进化中累积了数百万年的无数临时解决方案的集合。虽说研究大脑的原始基础并不能完全解答人类到底是超自然的产物还是生物进化的结果，但能让我们用神经生物学来解开生活中的疑团，例如，为什么我们在睡梦中会经常产生幻觉，为什么我们对源自外部世界的触觉信号会更敏感。

在《触感引擎》中，林登基于现有的对触感所涉及的基因、细胞和神经回路的研究，着重强调了触摸对大脑发育、社会认知和人际交往的重要性，并进一步从脑科学的角度，解释了我们身体中从皮肤到神经再到大脑的触摸回路的具体组织形式。林登在书中指出，我们的皮肤拥有多种类型的触觉感受器，它们专门用来获取触感世界不同方面的信息，这些由感受器提供的信息流最终会在我们的大脑内被混合处理。而这一点正说明，并不存在纯粹的触摸感觉。

所有这些关于触摸的发现都有着深刻的意义，它们大大有助于我们理解人类体验的许多关键方面。不过，对触摸的研究，至今还仍在路上。

用讲故事的方式普及脑科学

TOUCH: THE SCIENCE OF HAND, HEART, AND MIND

我的目标是：让从来没碰过科学类书籍的人对我的书感兴趣。

林登博士并不是关在实验室不谙世事的书呆子，他热爱音乐，亦热爱写作。利用自己的作品，林登简洁地解答了普通读者关于大脑的疑惑。《寻找爽点》以有趣的方式，从红酒到牛排、从冥想到自慰，解读了人类到底是如何从日常的饮食、娱乐、运动中寻求快乐并成瘾的；《触感引擎》则从皮肤到大脑，揭开了我们身体中那一整套经常违反直觉的触摸系统的神秘面纱。

虽然工作中并不专门研究愉悦感和触摸，但林登喜欢涉猎这些自己感兴趣的领域。林登积极地将自己关于脑科学的研究成果应用于这些领域中。除了对治疗做出贡献，林登还通过写作，一方面使人们了解到成瘾者并非是因为意志薄弱才成为瘾君子的，另一方面也唤起了人们对触觉的重视，厘清了我们对世界的体验。

作为约翰·霍普金斯大学神经科学系教授，林登已在国际顶尖科学刊物，如《科学》《自然》《细胞》和《神经元》上发表过近百篇学术论文，他还为《神经生理学杂志》的总编，并将在今后持续更新自己关于脑科学的学术研究。

触感引擎

手如何连接我们的心和脑

寻找爽点

是什么让我们欲罢不能

引言

触摸造就人类独特的情感体验

TOUCH

The Science of Hand, Heart, and Mind

触觉为什么这么重要?
扫码获取“湛庐阅读”APP,
搜索“触感引擎”,
直达作者 TED 演讲精彩链接!

1975 年夏天，马里布。深夜，我们 8 个参加夏令营的少年围坐在篝火旁。我们像小狗一样扎堆，在圣莫妮卡山脉的石头、树桩和灰尘里打滚，闻着黑鼠尾草、橡子，还有脏乎乎的 T 恤的味道。因为没有大人在，于是，在温柔夜色的笼罩之下，我们把自己内心深处最难为情的想法都说了出来。

“轮到你了，山姆。”

“好吧……我要问卡罗琳。你是愿意跟夏令营主任接吻，还是吃活蟑螂？”

我们用既厌恶又兴奋的声音，拐着弯地发出了声长长的“咦——！”。

“你太恶心了，山姆。我才不要回答这个问题呢。”

“但你必须回答。这可是规矩。”

“没门儿，你这变态。”

“你太敏感了。我可不是故意要伤害你的感情。”

“好吧，好吧。”

“那换个纯洁的问题。你愿意冻死在南极的严寒里，还是热死在撒哈拉大沙漠的酷暑里？”

“我能不能带一件厚外套去南极？”

“不能，你赤身裸体。”

“那我选沙漠吧，至少死的时候有晒得黑黝黝的皮肤。”

孩子们发出一阵善意的嘘声。卡罗琳抬起胳膊，摆了摆手。山姆笑了起来：“你可真虚荣。嗯……我得走了。”人人都知道他是说着玩的。很明显，他挺为卡罗琳着迷的。“不行，你可不准走，你这滑头的小屁孩儿。现在轮到我了。如果你必须放弃所有的感觉，只留下一种，你要留下哪种？”

“哦，伙计，这可太为难我了。视觉我得留着，至少，我还能到处走。哦，对了，还有听觉，我需要听音乐。你真爱作弄人，我选不出来，没有了哪样都很糟糕。”

“没错，就是这样的。”

“你的关心可真让我感动。”

“那你来咬我啊。”

事后，我躺在睡袋里，琢磨着这个轻浮的玩笑，突然感到很困惑。在激素的怂恿下，我们都渴望人际接触，渴望亲吻、爱抚，等等。我是这方面的典型，当时我脑子里满是跟一个叫洛瑞蕾的可爱姑娘拥抱接吻的念头。洛瑞蕾有一头深色的头发，但我跟她几乎都没怎么说过话。触摸是我们幻想和沉迷的核心，但在随后的夜晚里，当卡罗琳挨个问我们“如果你必须放弃所有的感觉，只留下一种，你要留下哪种”时，没有一个人选择保留触觉。难道我们就没有想过后果？诚然，一群青春期的孩子，熬着夜围坐在篝火边，这可不是沉思的理想场合。但我们可以很轻易地想象没了视觉、听觉（人人都闭上过眼睛，塞住过耳朵），甚至没了味觉和嗅觉的情形，却没有人真正能够设想丧失触觉的感受。或许，触觉已深深地交织在自我感知里，我们无法想象没有触觉的生活。多年以后，在读《洛丽塔》时，我发现弗拉基米尔·纳博科夫很早以前就提出过这个问题：“很奇怪，人对触觉的重视程度比视觉低得多，可在关键的时候，触觉却能成为人应对现实的主要，甚至唯一途径。”

对纳博科夫笔下的亨伯特先生而言，触摸是无比珍贵的体验，跟他心爱的洛丽塔哪怕只有极轻微的接触，也能唤起他强烈的激情。而对我们所有人来说，触摸体验天然就具备情绪特征，英语里的常用表达就反映了这一点。读读本章开头的引子，你会注意到许多说法都跟触觉有关，比如“你的关心可真叫我感动”①“我可不是故意要伤害你的感情”②，还有一些通感式的比喻，如“你太敏感了”③“你这滑头的小屁孩儿”④，等等。我们习惯于从皮肤感觉的角度来形容人类的多种情感、行为和个性：“她的体贴周到让我感动。”“这情况很棘手。”“粗言糙语可真够多的。”“这是个棘手的问题。”“他气得我出了错。”⑤

在日常用语中，触觉跟情绪紧密地交织在一起，每当我们碰到那些处事不

① 此处的“感动”原文为“touch”，直译是“触摸”。——译者注
② 此处的“感情”原文为“feelings”，也有“感觉”的意思。——译者注
③ 此处的“敏感”原文为“prickly”，有“刺痛”之意。——译者注
④ 此处的“滑头”，原文为“slippery”，有“光滑”的意思。——译者注
⑤ 此处的“气得”，原文为“rub”，也有“磨”“擦”“搓”等意。——译者注

够圆滑的人时，我们就会说这种人“缺心眼”，而从字面上来看，其实就是在说这个人缺乏“接触”。[①]

为什么一提到情绪，我们就会用到触觉，而非一些视觉或者嗅觉的词汇呢？这个问题并没有它看上去那么愚蠢。触摸的比喻是否真的揭示了触觉及其与人类认知的关系呢？抑或仅仅只是当今英语中的常见用法？事实上，早在13世纪末，“我深为触动”（I'm touched）的意思就是“我在情绪上受到了打动”（I'm emotionally effected），而“我的感觉”（my feelings）则意味着“我敏锐的情绪”（my tender emotions）。而且，这样的表达不是英语里所独有的，甚至也不仅限于印欧语系，在巴斯克语和汉语里，我们也能找到类似的说法。

人际触摸：重要的社会黏合剂

生来就失明或失聪的人，除了视觉或听觉区域，身体和大脑基本上都能发育正常，他们也能过上精彩且富有成就的人生。但如果新生儿从一出生起就被剥夺社交性的触摸，那么灾难就会降临。20世纪80年代到90年代，罗马尼亚孤儿院因人手严重不足就发生了这样的情况：孩子们发育缓慢，还出现了强迫性摇摆和其他自我安慰行为，如果不予以纠正，那么他们在情绪、认知和自控能力方面的应激障碍便会持续到成年期。幸运的是，如果在早期就给予些许干预，如看护人每天抚摸、摆弄小孩的肢体1个小时，那么就能逆转这一可怕的过程。对人类发育而言，触摸是必须的。在所有动物中，人类的童年期最为漫长，没有任何生物的后代像人类那样，长到5岁还无法独立生活。如果我们漫长的童年期缺乏触摸，尤其是缺乏充满关爱的人际性触摸，那么后果会十分严重。

① 此处的“缺心眼”，原文为“tactless”，其中“tact”有“触觉”的意思，同时也有“圆滑、老练”的意思。——编者注

触摸在早期发育中发挥的关键作用，在以前并未得到充分的认识。20 世纪 20 年代，行为主义心理学运动的创始人约翰·B. 沃森（John B. Watson）在对儿童抚育提出建议时，要求家长们注意别用身体接触来关爱和宠溺孩子："你的行为应该始终保持客观、亲切而坚定。不要拥抱和亲吻孩子。永远别让他们坐在你的腿上。如果一定要这么做，那么顶多在互道晚安时亲吻其前额，早晨和他们握握手；如果他们出色地完成了一项艰难的任务，那么可以拍拍他们的头。"[1]

虽然今天的大多数家长与孩子的接触并不仅限于偶尔拍拍脑袋，但家庭之外的情况就完全不一样了。我们迫切希望保护孩子免遭性侵犯，还对教师、教练和其他成年督导人员设立了"不可碰触"的规定，虽然我们用心良苦，但这反而给孩子们带来了缺乏触摸的负效应。在"恐触摸"环境中长大的孩子，未来也会向自己的孩子灌输这类担忧，于是整个社会就会进一步缺乏人际触摸。

你可能会说："好吧，我明白孩子更敏感，但我们已经是成年人了，缺乏触摸应该没什么问题吧？摸摸碰碰、搂搂抱抱，这都是嬉皮士们才做的事情，太浪费时间了。赶紧拿消毒水洗干净手，回去做正经事吧。"让我来告诉你问题在哪里。人际触摸是一种重要的社会黏合剂，它可以把性伙伴黏合成长久恩爱的夫妻；它可以巩固父母与孩子以及兄弟姐妹之间的亲情；它可以把社群和职场的人联系起来，培养出感恩、同情和信任等情感。在餐厅被服务员轻轻碰触的人，往往会留下金额较多的小费；那些触摸病患的医生也会被认为更有爱心，而且他们的患者的应激激素水平也会降低，进而获得更好的治疗效果；就连商场里拿着调查问卷到处让人填写的人，如果他们能轻碰你的胳膊，那么你也会更容易被打动。

揭开触摸的神秘面纱

本书不光是要提出触摸很好、触摸很重要，更重要的是，本书要解释我们身体中这条从皮肤到神经再到大脑的触摸回路的具体组织形式。这是一整套奇怪的、复杂的、经常违背直觉的系统，并且这一系统，正强有力地影响着我们的生活。从消费者的选择到性行为，从用于缓解慢性疼痛的工具到整个痊愈过程，触感所涉及的基因、细胞和神经回路，对造就人类独特的体验都至关重要。

触摸的超然性质，存在于细节当中，这些细节是由数百万年的进化过程所塑造的。它们位于皮肤的双功能感受器中，有了它们，薄荷才会让人感觉凉悠悠，胡椒才会感觉火辣辣；它们位于我们皮肤所独有的神经纤维里，这使我们天生就喜欢温柔的爱抚，不过，只有当抚摸是以恰当的速度在整个皮肤表面运动时才行；它们位于大脑专门的情绪触摸中心，没有这个中心，你会觉得高潮更像是在打喷嚏，你的身体会抽搐、振动，但不至于让人心醉神迷。我们不光要意识到所有这一切都是先天固有的、预先设定好的，而且我们还应知道，情绪触摸中心是感觉与预期相交的神经十字路口，也会受到生命历程、文化和环境的巨大影响。大脑这些区域的活动使人得以判定特定的触摸到底是积极的还是消极的，不过这也要取决于触摸出现在什么样的背景环境里。例如，你可以对比以下两种情境中的感受：在一段无声相交的甜蜜时段过后，你的爱侣轻轻地抚摸你；或者，他在说了些深为冒犯的语句后立即刻意地抚摸你。

同样地，安慰剂效应、催眠暗示，甚至单纯的心理预期所触发的神经信号，也都来自大脑的这些区域。这些信号既能让人对疼痛麻木，也会让疼痛变得更加剧烈。事实上，并没有纯粹的触摸感觉，因为当我们感知到触摸时，它已经跟其他感官输入、行为计划、期待以及大量的情绪结合起来了。好消息是，这些过程已经不再完全神秘。近年来，我们对触摸的科学认识有了爆炸式的发展，我们有了一些新的发现，将有助于解释人的自我意识，以及我们对世界的体验。所以，让我们一头扎进深水区，好好探讨一番吧。只要你习惯了它的深度，它就不会再让你感觉那么深不可测，甚至反倒会让你觉得好极了。

01

皮肤是一种社交器官

TOUCH

The Science of Hand, Heart, and Mind

良性的社交触摸对人际关系的影响已被科学实验所证明。

若我们在成长过程中缺乏关爱性的触摸，

那么后果将会怎样？

人们经常使用感官体验上更为熟悉的词汇来组织抽象的心理学概念，如用“温暖”来描述人际交往过程中的温暖感受。触觉体验对人际关系的影响也被科学实验所证明，良性的社交触摸可以抚慰、疏导、构建联盟，建立合作行为，而把温暖、柔和的社交触摸与安全感联系在一起的，是我们从婴儿起就与父母建立的亲密关系。

华沙，1915 年。所罗门·阿希（Solomon Asch）脸上洋溢着兴奋。在 7 岁那年，他获准在一贯的就寝时间留下来，过自己的第一个逾越节。在温暖的烛光下，他看着祖母斟满一杯跟周围环境不太搭的葡萄酒。

“那是谁的杯子呀？”所罗门问道。

“这是给先知以利亚的。”一位叔叔解释说。

“他真的会进来喝这杯酒吗？”

“当然，”叔叔说，“你等一会儿，时间一到，我们就会打开门让他进来。”

一大家子人围坐在桌边，朗诵《哈加达》（*Haggadah*）里的故事，故事说的是摩西时代，犹太人从埃及的奴役下求得解放。遵循犹太法典《塔木德》（*Talmud*）的教诲，人们按照古代世界自由民的方式，吟诵祷文，喝酒，把西芹浸泡在盐水里，享用节日大餐。饭后，按传统规矩，前门被打开，来迎接先知。片刻之后，在逾越节仪式引发的期待和鼓舞之下，所罗门看到酒杯里的液体似乎少了一点点，就像是以利亚在飘出门去拜访其他犹太家庭之前抿了一口似的。

所罗门·阿希在 13 岁时，和家人一起移民到了纽约市，通过阅读狄更斯的小说，他很快学会了英语。随着年龄的增长，所罗门迷上了心理学，特别是社会心理学，他最终于 1932 年，在哥伦比亚大学获得了该领域的博士学位（见图 1-1）。

多年后，所罗门说自己之所以会对社会心理学产生兴趣，是因为童年时代那天晚上过逾越节的经历。逾越节圣餐礼上人们的集体信念，是如何让他们相信先知抿了一口酒这种显然不可能的事情的？这不仅仅是一个学术问题。

随着希特勒和纳粹主义在欧洲的兴起，所罗门在自己的整个职业生涯中，都对两个相关的社会政治问题尤为关注：在明显矛盾的证据面前，社会世界是如何塑造我们的信仰的？我们是如何对他人的性格做出快速判断的？所罗门写道：“我们看到一个人后，内心立即就会对他的性格形成一定的印象。扫上一眼，说上几句话，就足以让我们对一件高度复杂的事情做出判断。我们知道，形成这种印象的速度非常快，过程也非常轻松。日后的进一步观察，或许可以丰富或扭转我们最初的印象，但我们无法阻止这一印象的快速形成，就像我们无法对特定的视觉对象视若无睹，无法对一段旋律充耳不闻一样。”[1]

图 1-1　所罗门·阿希

注：所罗门·阿希，社会心理学和格式塔心理学领域的领军人物。这张照片拍摄于 20 世纪 50 年代，阿希在斯沃斯莫尔学院（Swarthmore College）心理学系任教授。他于 1996 年过世，享年 88 岁。

资料来源：Used with permission of the Friends Historical Library at Swarthmore College.

所罗门想知道，有没有什么潜在的原则能指导性格印象的快速形成。毕竟，我们遇到的每个人都会展现出一整套多元化的性格特点。一个人勇敢、聪明、有良好的幽默感、动作敏捷，但他同样也可以十分严肃、精力充沛、耐心、彬彬有礼。另一个人慢吞吞的，做事深思熟虑且严肃，但被人招惹时脾气也会很暴躁。这类通过感知所得的个性特点是如何结合起来并构成我们对人物的整体印象，进而让我们能够推断、预测人物在种种不同情况下的行为的呢？是每一个特点结合成整体，进而形成了我们的感知，还是一种具体的特点，或少量特点，主宰了我们的整体印象？最重要的是，对像希特勒、丘吉尔、罗斯福这样的公众人物，很少有人能与之直接接触，上述过程又发挥了怎样的作用呢？

触觉体验决定你的社交印象

1943年，第二次世界大战战事正酣，所罗门设计了一个实验来着手解决上述问题。他从纽约市的不同大学，如布鲁克林学院、亨特学院的心理学本科班上招募被试（在战争期间，被试多为年轻女性）。“我会向你们读一些对某个人性格特点的描述，”所罗门告诉一群被试，“请仔细听，并尝试对所描述的人形成印象。之后，我会要你用短短几句话描述那个人。我会慢慢地读出这些性格特点，而且还会重复一次。”于是他开始向第一组读：“聪明……机智……勤勉……冷漠……意志坚决……讲求实际……谨慎。”第二组听到的与性格特点相关的词大体与第一组相同，只不过“冷漠”被换成了“温暖”。听到“冷漠”的那一组被试，他们所形成的印象基本上是“这是一个雄心勃勃、很有天赋的人，不会让任何人或事阻挡自己实现目标。想要走自己的路。不管发生什么，他都决不放弃”。相比之下，听到“温暖”的那一组被试则认为：“这个人相信某些事情的正确性，希望他人能了解自己的观点。他会以真诚的态度去辩论，并希望看到自己的观点胜出。”

所罗门还请被试从一对意思相反的描述性词汇里挑选其一（大方/吝啬、合群/孤僻、有人情味/无情、强壮/虚弱、可靠/不可靠、虚伪/诚实），来阐述自己对“冷漠”的人和“温暖”的人的印象。在分析了被试的回答，并采用适当的统计测量后，所罗门发现，温暖/冷漠带来的印象上的差异极为明显。大多数人认为，被形容为“温暖”的人大方、合群且有人情味；而被形容为“冷漠”的人则吝啬、孤僻、无情。但“温暖”的人在可靠、强壮或诚实方面的得分并不比“冷漠”的人高很多，而且对“温暖”的暗示也并未让人们的印象从整体上变得更加积极。相反，若察觉某个人是“温暖”的，那么往往意味着这人具备一组特定的特征，即乐于助人、友善，最重要的一点是值得信赖。简言之，“温暖”的人不会被视作威胁。[2]

所罗门及其他研究者通过随后在实验室及实验室外的观察发现，温暖 / 冷漠是影响第一印象的最有力尺度，而第二有力的尺度是能干 / 无能，这在评估不同国家和文化的群体印象时亦然。[3] 为什么我们每个人都能非常自然地理解并回应“温暖”这一比喻的说法呢？似乎，这一比喻有着深刻的生物学根源。

> 我们经常使用感官体验上更为熟悉的词汇，来组织抽象的心理学概念。在个人生活和人类进化史上，温暖的身体感觉跟可靠、信任、没有威胁联系在一起，它主要来自母亲触摸的体验。[4]

“摸一下”带来的绝对评价

硬与软激活冷酷与温暖

所罗门的印象形成模型引出了一个显而易见的问题：身体上的温暖与隐喻层面的温暖存在联系吗？具体对成年人而言，只靠温暖的皮肤触觉体验，就能激活我们在人际交往中的温暖感受，进而影响我们对一个陌生人的评价吗？为了研究这个问题，科罗拉多州立大学的劳伦斯·威廉姆斯（Lawrence Williams）、耶鲁大学的约翰·巴奇（John Bargh）设计了一个巧妙的实验。

实验人员请一名雇员把被试们带到心理学大楼的会客厅里。这位雇员并不知道研究的意图，这一点很关键。她手里拿着一些东西，包括一杯咖啡、一个笔记夹板以及两本教科书。众人搭乘电梯到四楼的实验室，该雇员随意地请每一位被试帮自己端着咖啡杯，以便自己把被试的信息填进笔记夹板上的表格里。接着，这位雇员又拿回咖啡杯，并把被试带到实验室去。有时候，杯子里装着热咖啡，有时候，则装着冰咖啡。被试一进入实验室，就要立刻填写一份性格评估文件，文件与所罗门 1943 年最初研究中所用的问卷一样，只不过没有使用温暖 / 冷酷这样的形容词，而是使用了诸如聪明、机智、勤勉、意志坚决、讲求实际且谨慎这样的形容词。被试还需按照如前所述的反义词方法评价这位虚构人物的性格，如他是有人情味的还是无情的，是虚伪的还是诚实的，等等。研究人员发现，在端过热咖啡的被试眼中，目标人物的性格明显要更温暖。由此可见，手部皮肤获得的短暂温暖体验，的确能促使人际关系中也产生同样温暖的感觉。[5]

偶然的触觉体验对评价陌生人士造成的影响，仅限于温暖吗？是因为人们一般对温暖有着不同寻常的强烈情绪联想吗？还是说，它适用于更广泛的触觉感知？我们对不相关的人和环境的印象，会不知不觉地受到其他皮肤感官体验的影响吗？以英语中丰富的触觉隐喻，如“很有分量的事情”“局势的严重性”“强硬的谈判者”为出发点，约翰·巴奇、约书亚·阿克曼（Joshua Ackerman）与克里斯托弗·诺塞拉（Christopher Nocera）一起，着手检验了这一更宽泛的假说。[6] 首先，他们请路人通过简历来评估一位求职者。简历会被分别夹在或轻（340 克）或重（2 041 克）的笔记夹板上，后者是一台常见的中型笔记本电脑的重量。拿到沉重笔记夹板的被试，其对求职者的评价，整体上明显会更好，他们会认为此求职者对所应聘的岗位更感兴趣。沉重笔记夹板带来的触觉体验，令被试在潜意识中认为此求职者有着更出色的绩效、更充沛的干劲。不过，沉重的笔记夹板并不会影响整体的潜在印象，例如，被试并不认为求职者跟同事更容易或者更难相处。相反，沉重的笔记夹板只跟“分量”这方面的特质挂钩。[7]

受“今天是棘手的一天”① 的说法影响，巴奇的研究小组接下来开始探索质感。在这一次的研究中，他们先请路人完成简单的拼图。一组被试拿到的拼图块表面覆有砂纸，另一组被试拿到的则是内容相同但表面光滑的拼图。接着，所有被试都要读一段描述社交互动的话，而这段话故意对人际互动所发生的社

① 原文为“I had a rough day”，“rough”可译为“粗糙”“棘手”等。

会环境描述得很模糊。实验人员要求被试评价该段落中社交互动的质量。摸到粗糙纹理的被试认为这一社交互动明显更具对抗性（与友好相对）和竞争性（与合作相对），其更像是争辩而非讨论。可见，粗糙纹理带来的身体体验，改变了人们对社交互动的评价，使它更符合“棘手”这一隐喻。[8]

最后，研究人员又针对硬和软这两项触觉感受做了类似的研究。此处，心理学家把触觉体验伪装进了魔术表演当中。他们请路人观看魔术，猜测其手法。作为表演的一部分，被试要检查魔术中所用的一种物品，表面上是为了确认该物品未经调换。有些被试摸到的是一块软软的地毯样片，有些摸到的则是一块硬木头。接着，实验人员推迟了魔术表演，转而请被试阅读与前述粗糙 / 光滑实验里相同的段落，即故意写得很模糊的社交互动对话，只不过这一次实验人员说，这一互动发生在员工和老板之间。他们请被试对员工做出评价，结果，摸到硬木头的被试有更高比例认为员工更严格、更刻板，而这些正跟“硬”所带来的性格隐喻，如不服输、不情绪化相一致。遗憾的是，被试们始终都没能看到魔术表演。

偶然的触摸体验会影响我们对人和社交互动的印象，这一事实恐怕绝不仅仅只会让人有点不安。1983 年，我在伯克利地中海咖啡馆碰到过一位聪明漂亮的姑娘，当时，我跑去跟她搭讪，要是她手里握着的是一杯热咖啡，而不是冰镇苏打水的话，结果会变成什么样？还有那个怪异的系主任，他面试我时强迫性地用手使劲捏一个空心橡胶球。如果他当时玩弄的是一把裁纸刀，他会认为我更犀利，还是更强硬、更执着呢？

从身体接触预测比赛输赢

虽然巴奇设计的偶然触碰实验十分精妙，发现的结果也有趣、有用，但其中也确实存在严重的局限性。最重要的是，这些实验并未反映现实生活中人们形成印象的真实情形。以调查为基础的实验要求被试有意识地明确阐明潜意识里形成的印象，而被试的反应又必须与实验人员预先设定的测量尺度相吻合。这是一种不自然的情境。在日常生活中，我们虽然会不断形成关于人和事的想法，但我们不会同时根据“有人情味 / 无情”“讨论 / 争辩”等框架来评估其心理。这就是为什么有必要研究触摸在日常环境里所起的作用。

考虑到美国国家篮球协会（NBA）有着复杂的社会环境、清晰的球队及个人成绩统计，还有队员比赛时大量的拍屁股、击掌和撞胸行为，因此我们认为，这真是一个再好不过的现场触觉 / 社交实验室了。加州大学伯克利分校的一个研究小组对此进行了观察研究，并得出了相应的结论。该研究小组的组员分别是迈克尔·克劳斯（Michael Kraus）、凯西·黄（Cassy Huang）和达切尔·科尔特纳（Dacher Keltner）。他们认为，既然人际触碰能促进信任与合作，而信任与合作又对篮球队的成功极为重要，那么赛季之初球员之间触摸的增多，照理说是可以预测出队员们在随后比赛中的合作和成绩情况的。

为了验证这一点，克劳斯和同事们首先浏览了 2008—2009 年赛季初期，即赛季前两个月所有 30 支 NBA 球队共 294 名球员 [9] 的比赛录像。他们记录了一个球员成功投篮后，队友们如撞击拳头、跳起来撞击肩膀、高举双手击掌等庆祝性触摸出现的次数、类型和持续时间。研究人员还使用一种合作行为指数对同一批比赛做了评分，其中包括队友之间的交谈、传球、过人场面，即队友互相依赖的行为，有时候球员们甚至愿意为此牺牲自己的个人成绩。为衡量个人和球队在整个赛季里的成绩，他们又分析了 NBA 在官方网站上公布的统计数据。[10] 在对数据做了处理和恰当的统计测试之后，研究人员得出了明确的结论：对球员个人和整个球队而言，赛季初期比赛中的庆祝性触摸，跟整个赛季中的表现之间存在关联（见图 1-2）。

图 1-2　篮球赛中触摸时长与输赢情况对比

注：人际触摸的多少，可预测 NBA 赛场上的成绩。上图的条形图显示了赛季之初的一场比赛里，两支球队在庆祝性触摸上的总时长，以及两支球队在随后 5 场比赛里的输赢情况。

资料来源：M. W. Kraus, C. Huang, and D. Keltner, "Tactile communication, cooperation and performance: an ethological study of the NBA," *Emotion* 10 (2010): 745-49.Published by the American Psychological Association;reprinted with permission.

不过，这种关联是否太微不足道了呢？例如，最优秀的球员和球队就是容易更频繁地得分，因此他们有更多进行庆祝性触摸的机会。如果是这样的话，触摸与成绩关联的阐释就不一样了。为了解决这一问题，克劳斯和同事们又应用统计校正调整了得分总数，结论是：球员之间的触摸仍然与球队以及球员个人成绩之间存在强相关。但如果在赛季之初，根据教练和体育节目评论员的调查而被人预测成绩好的球队，是否会在心态上更乐观呢？这一因素是否也同样会带来更多的庆祝性触摸以及更优秀的成绩呢？研究人员再次根据赛季初期的预测，以及球员在球队的地位（以薪资作为衡量标准）做了统计校正，他们发现，赛季初期庆祝性触摸对成绩的预测效果仍然成立。

最后，研究人员又分析了合作分数，发现合作基本上解释了触摸与成绩提高之间的关系。尽管这类研究无法证明两者的因果关系，但强烈的相关性表明，至少就职业篮球的背景而言，**短暂的庆祝性触摸能建立合作关系，进而提高个人与团队的表现**。

为它理毛，和它社交

对我们这些不在 NBA 打球的人来说，人际触摸的社交功能又是什么呢？人际触摸始终以促进信任与合作为宗旨吗？从我们的几种灵长类近亲（狒狒、黑猩猩、倭黑猩猩和长尾猴）着手来探索这些问题，是个很好的办法。这些物种都生活在大型社会群体里，它们安排了许多耳目关注着自己的领地，并探测是否有危险靠近，从而保证自己的安全，使自己免受天敌所害。群体中狒狒数量众多还有其他的优点：一头成年猎豹在打斗中胜过一只狒狒不是什么难事，但一群狒狒却能把猎豹逼得爬上树，甚至偶尔还能弄死猎豹。有许多这类大型社会单位，都将领地设在便于获取食物的地方。稳定的食物供应、低概率的天敌侵害，令狒狒有了大量空余时间去从事复杂的社交生活。例如，罗宾·邓巴（Robin Dunbar）就报告说，居住在埃塞俄比亚高原上的狮尾狒会把 20% 的清醒时间都用来为其他狒狒扒拉皮肤、梳理毛发。这是对理毛行为的重大时间投资。理毛固然有助于去除死皮、寄生虫、打结的毛发和小块的植物残片，但狮尾狒投入这项工作的时间，跟保持健康皮肤和毛发所得的益处相比多得不成比例。理毛时间这么长，其实主要是为了社交，而不是预防皮肤病（见图 1-3）。

图 1-3　雄性狮尾狒的理毛行为

注：一只年轻的雄性狮尾狒正在为另一只成年雄性狮尾狒理毛。这一行为是建立持久社交纽带并结成联盟的关键。

理毛：灵长类动物的结盟手段

狮尾狒大规模群居，一般一群里会有 100 ~ 400 只，而这里面又分为许多小型社会单位：由四五只雌性狒狒构成的“后宫”，年幼的后代，以及一只育种的雄性。当年幼的狒狒进入青春期时，“后宫”里的雄性就要离开，并加入一个“光棍群”，而雌性狒狒则会留下，因此“后宫”的社会核心一直都是一群互有血缘关系的雌性，即母亲、姐妹、阿姨和堂姐妹。这些“后宫”雌性形成了忠实而持久的联盟，并通过长时间的理毛来维持巩固。[11] 它们的姐妹情谊有多种表现方式，最有趣的莫过于当联盟里的一名成员受一头霸气雄性威胁之时。“后宫”里唯一的育种雄性狒狒必须不断监督自己的雌性狒狒，以防后者跟总在附近游荡的光棍群体里的年轻雄性狒狒发生性关系。除了吓跑单身汉，育种雄性狒狒还会经常吼叫、恐吓（大声喘气、磨牙齿）自己“后宫”里的那些离群的雌性狒狒。这时候，这头雌性狒狒的亲戚便会竞相赶来，并联手赶走育种雄性狒狒。但雌性联盟内部并非所有的关系都平等，有些纽带会比其他的更牢固：在“后宫”内的争吵中，雌性狒狒总是跟自己最热心的理毛搭档站一块儿。[12]

在这些灵长类动物的社会群体里，理毛有着强烈的社交意义，就跟高中生选择跟什么人同桌吃午餐一样。母亲给子女理毛，交配伙伴互相理毛，朋友给朋友理毛……雄性和雌性都会如此。而且，跟高中一样，地位较高的灵长动物获得的理毛关注，比自己付出的要多。理毛建立并强化了一套效忠网络，如果自己遇到了“后宫”或大集体里另一成员的威胁，甚至碰到了天敌，那么跟自己结盟的成员有更大的可能性会施以援手。研究人员在现场借助录放设备发现，如果播放的呼叫声来自最近跟其理毛的搭档，那么黑猩猩和猕猴更有可能回应这一遇险的求救，即使这也会将自己置于险境。

年轻的雄性黑猩猩或狒狒可能会通过为育种雄性理毛来巴结它，或是与另一年轻雄性建立起基于理毛的联盟，以求推翻育种雄性的统治地位。如果成功地推翻了国王，那么新王向被废黜的君主展现友好的姿态，则有利于降低废王攻击新王以求夺回原先地位的概率。如果新王够聪明，它甚至可以让旧王变成自己的盟友，以在过渡期帮助自己抵挡其他雄性的攻击。即使旧王认为自己无法恢复先前的地位，和解对它也有好处，因为这可以使它继续留在这个集体里，保护自己的最后一批后代，哪怕由它育种的日子已经结束。新王与旧王的和解有一种仪式，即新王向旧王伸出自己的后腿，并让旧王穿过新王的腿，轻轻地触摸新王的阴茎。只要履行了这一仪式，新王与旧王就会像久违的老朋友一般互相理毛，达成交易。

理毛：吸血蝙蝠的分餐请求

NBA 球员与狮尾狒这种灵长类动物相比，情况没有什么不同：社交触摸趋于加强合作，巩固忠诚。人类和其灵长类近亲都会用理毛及其他形式的社交触摸来抚慰、疏导、构建联盟、建立合作行为，以及巩固亲情和友情的纽带。这类行为是否仅限于灵长类动物谱系呢？还是说，其他动物身上也存在此类迹象？

至少有一个突出的例子能说明非灵长类动物也有类似的社交理毛和协作行为。圆形叶口蝠（desmodus rotundus）是一种常见的吸血蝙蝠，它们夜间外出，专门吸食以马、驴、牛和貘为主的哺乳动物的血。由于这种蝙蝠的喉咙太窄，无法容纳固体食物，所以动物血是它们唯一的食物来源。如果它们吸血的动物身上有皮毛，那么它们便会先用自己的犬齿和臼齿小心地剃掉对方的一小块皮，然后再用自己尖锐的上门牙刺穿其皮肤开始吸血。吸血蝙蝠的唾液中含有一种抗凝化合物，能让血液在其消化所需的 20 ~ 30 分钟里保持流动。甚至有时候，还会有另一只蝙蝠在一旁耐心等待，好从同一伤口处吸血。一只成年雌性吸血蝙蝠一般重 40 克左右，但在拍拍翅膀心满意足地飞走之前，却可以吸走

20 克血。然而，吸血蝙蝠的新陈代谢率很高，如果连续两天晚上找不到一顿饭，那么它们的体重便会减轻大约 25%，且很有可能会濒临死亡。

在哥斯达黎加北部，吸血蝙蝠们群居在树洞里，一群有 8 ~ 12 只。科罗拉多大学的杰拉尔德·威尔金森（Gerald Wilkinson）和同事们曾连续好几个月每天都到蝙蝠栖息的树上观察它们。[13] 研究人员发现，如果这些吸血蝙蝠之间有密切的血缘关系，或者它们是经常一起栖息的配偶，那么它们更有可能会互相理毛。理毛还能促进一种特殊的合作关系：刚理完毛的吸血蝙蝠更有可能以反刍的形式，同为自己理毛的伙伴分享血餐（见图 1-4）。由此可见，理毛似乎能起到一种邀约分享血液的作用。如果能从刚吸完血回巢的栖息伴侣那里求得食物，那蝙蝠就能多熬过一个晚上，从而也就能获得自己外出寻找血液的机会。在吸血蝙蝠的世界里，这可谓一场双赢交易：我给你理毛，你朝我的喉咙里吐血；下一次，本着互惠的精神，或许我也会为你做同样的事。

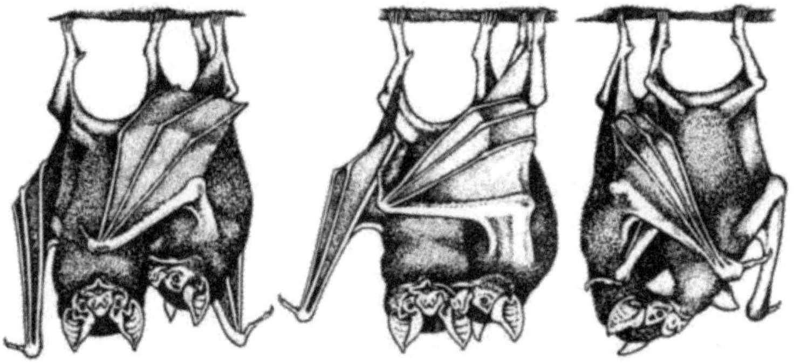

图 1-4 一只饥饿的蝙蝠正通过理毛来恳求搭档反刍喂血

注：理毛过程首先是饥饿的蝙蝠在翼下舔舐潜在的捐血对象（左），接着舔舐其嘴唇（中），如果对方接受，捐血对象会以反刍喂血作为回应（右）。只有当蝙蝠是近亲，或者是长期共同栖息的伙伴时，它们才会为彼此供血。

资料来源：Illustration by Patricia J. Wynne; used with permission. This drawing first appeared in G. S. Wilkinson, "Food sharing in vampire bats," *Scientific American* 262 (1990): 76-82.

触摸在生命发育中扮演的重要角色

已经有很多证据说明社交触摸能促进信任与合作。我们对这些发现的阐释，其实建立在如下前提上：所有这些哺乳动物，包括狮尾狒、人类和蝙蝠等，都曾在生命之初体验过母亲的触摸，这令它们把温暖、柔和的社交触摸与安全感联系在一起。如果动物缺乏这一早期的母性体验，情况会是什么样呢？

决定挪威鼠是否会成为“胆小鬼”的关键

20 世纪 50 年代末，俄亥俄州州立大学医疗中心的西摩·莱文（Seymour Levine）和同事们研究了早期产后生活在个性发展，尤其是在应激反应中所扮演的角色。他们在实验室里繁育挪威鼠，并从刚出生的 10 ~ 12 只幼崽中选出 3 只，在 21 天内每天都花 15 分钟轻轻地抚摸这 3 只老鼠幼崽。

当这些被抚摸过的幼崽成年时，它们表现出了畏惧感低，更有可能去探索新鲜环境等一整套积极的行为特征，与同窝出生的、没有被抚摸过的小鼠相比，其对压力的反应也没那么大。被抚摸过的幼鼠成年后，研究人员对其血液采样后发现，即使短暂地暴露在压力之下，这些老鼠体内所唤起的应激激素，即肾上腺皮质激素和皮质酮水平都较低。[14]

这些初步的研究并没有弄清，在用手触摸搂抱所触发的应激反应中，行为和激素变化的途径。莱文认为，引起幼鼠变化的并不是研究人员的触摸，而是母鼠之后的行为。经抚摸的幼崽被放回笼中后，它们会发出超声波频率的叫声，这令母鼠对其舔舐、理毛的行为增加了 1 倍。这种增强的触觉关注，贯穿于幼崽接受人类抚摸的整个时期。

母鼠的行为固然是为了自己的利益，但我们想知道的是，经人类抚摸的老鼠幼崽终身表现出的应激反应降低现象，是否跟人类的培育有关系。麦吉尔大学的一支研究小组对这个问题很感兴趣，他们设计了一套关键组实验。

小组的负责人是迈克尔·米尼（Michael Meaney）。这些实验发现，有些母鼠（均为同一实验用的同一血脉的挪威鼠，名叫长埃文斯大鼠）喜欢大量地舔舐自己的幼崽，并给它们理毛，而有些却不怎么喜欢。事实上，较之不那么贴心的母鼠，最贴心的母鼠用在舔舐和理毛上的时间要多 3 倍。而人类对幼鼠的抚摸，却可以将两者之间的差距拉平：经抚摸后，不爱舔舐 – 理毛的母鼠对幼崽的舔舐 – 理毛时间会增加到与最贴心的同类一样的水平。[15]

与接受了母鼠高舔舐 – 理毛行为的幼鼠相比，那些接受了母鼠低舔舐 – 理毛行为的幼鼠长大以后，它们的空间学习能力更差，且惊恐行为更多；同时它们探索新环境的可能性更小，也不太喜欢尝试新类型的食物。[16] 拟人一点来说，它们就像是胆小鬼。挪威鼠的惊恐行为有可能跟其应激激素释放出的信号有关：接受母鼠低舔舐 – 理毛行为的成年鼠，其因压力所触发的应激激素反应终身都在增加（见图 1-5）。

根据母鼠的低舔舐 – 理毛行为和幼崽增加的应激反应之间的关系，我们能得出什么结论呢？是低舔舐 – 理毛行为导致了应激反应增加的后果，还是二者之间仅有相关关系？低舔舐 – 理毛行为的母鼠，是否有可能会将这些特质通过基因遗传给幼鼠？而且，这些实验还发现，不同代际都存在糟糕的养育方式，由低舔舐 – 理毛行为的母鼠带大的雌性幼鼠，在长大以后，自己也很有可能会变成低舔舐 – 理毛行为的母鼠。

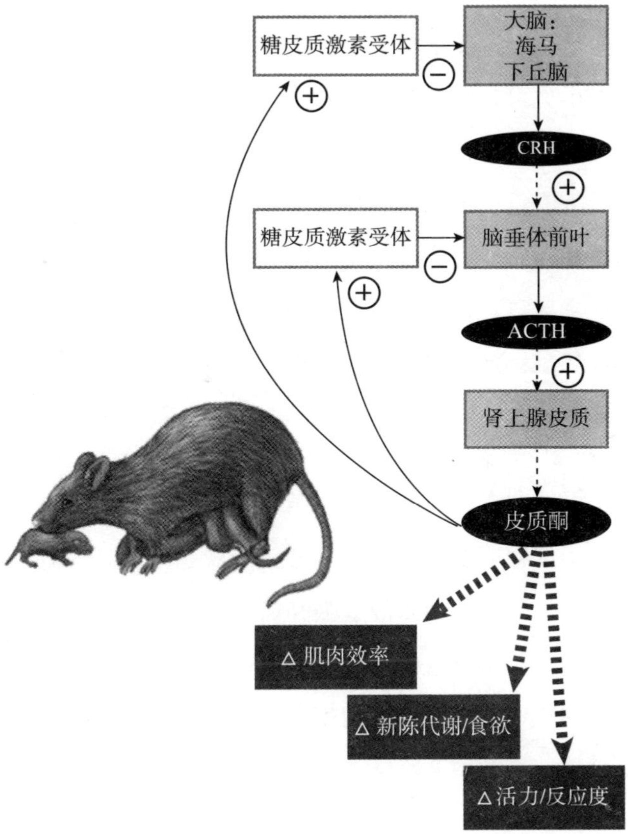

图 1-5　应激激素释放变化

注：出生后获得舔舐和理毛的新生幼鼠，在应激激素的释放上出现了终身变化。压力导致大脑下丘脑基部区域出现激素反应，下丘脑释放促肾上腺皮质激素释放激素（corticotrophin-releasing hormone，以下简称 CRH）。CRH 会激活垂体的前部，令后者释放出促肾上腺皮质激素（adrenocorticotropic hormone，以下简称 ACTH）。ACTH 会通过血流，刺激肾上腺。接着，肾上腺释放出皮质酮，皮质酮对身体有许多影响，包括对肌肉效率、新陈代谢、电解质平衡、食欲和警惕性进行调节。皮质酮还跟大脑里的糖皮质激素受体相结合，形成负反馈回路，抑制 CRH 的产生。这一压力 – 信号传导途径，叫作下丘脑 – 垂体 – 肾上腺（HPA）轴。低舔舐 – 理毛行为的母鼠，其幼鼠长大后，当所面对的压力轻微短暂地增加时，幼鼠的促肾上腺皮质激素和皮质酮水平也会提升。（把成年大鼠关在塑料管里 20 分钟，接着对其血液采样。）这些幼鼠大脑中可与循环皮质酮结合的糖皮质激素受体也较少，故此负反馈回路相应地也会减弱，而这又进一步增强了对应激激素的影响。

在人类行为学中，若要求解天性 – 抚育问题，往往会研究由不同家庭收养的双胞胎。对老鼠也可以采取类似的做法。研究人员选取两只产自低舔舐 – 理毛行为母鼠的幼鼠，在它们出生 12 小时内给它们标上识别记号，然后把它们放到一只高舔舐 – 理毛行为的母鼠那里交叉喂养。当这两只幼崽长大后，它们与同胞的兄弟姐妹相比，其行为和激素的应激反应都更低；交叉喂养的雌性幼鼠长大后自己变成高舔舐 – 理毛行为母鼠的可能性也更大。相反，被反方向收养的幼鼠（即由高舔舐 – 理毛行为母鼠抚育变为由低舔舐 – 理毛行为母鼠抚育），其应激反应变强了，且雌性幼鼠长大后也更易变成低舔舐 – 理毛行为母鼠。[17]

这些结果，再加上人类抚摸给低舔舐 – 理毛行为母鼠的幼鼠带去的有益效果，都支持了压力反应取决于行为而非遗传的观点。但高舔舐 – 理毛行为的影响，必然会以某种方式改变幼鼠的大脑和内分泌系统，因而这些影响也会在生理上扎根。事实上，对于产后的舔舐 – 理毛行为是如何持续修正基因表达，从而为代际行为传递奠定基础的，我们现在已经知道了一些细节。这些表观遗传信号（epigenetic signals）是天性与抚育相交的某种分子事件。[18]

既然养育出能适应压力的幼鼠是好事，那么，为什么不是所有的母鼠都会去做大量的舔舐 – 理毛行为，从而让自己的幼崽在闯荡世界时获得优势呢？即使传递模式是以行为而非基因为基础，为什么也会出现类似的情况？既然低舔舐 – 理毛行为母鼠的幼鼠在生存和繁殖上处于劣势，那么高舔舐 – 理毛的行为不就应该更普遍才对吗？答案很复杂，而且也还没完全弄清楚。由于野生的挪威鼠栖息在从城市垃圾桶到草坪甚至森林等种类繁多的生态环境里，因此它们必须要能适应范围极宽泛的生态条件，包括不同的天敌、食物来源和天气。迈克尔·米尼和同事们认为，在某些生态环境里，比如食物短缺、天敌繁多的地方，不够细心的母鼠所培育出来的幼鼠具有较高的压力反应，这或许反而会使它们具备优势：面对被吃掉或挨饿的持续性危险，高度紧张或许是适合的。简单地说，这就有点像我们所熟知的工作与家庭生活之间的平衡：与人类社会类似，由于需要长途跋涉寻找食物，母鼠会经常性地离开巢穴，因此也就没有太多时间为自己的幼鼠舔舐、理毛。

从线虫到人类，触摸决定发育

实验用大鼠的产后触觉刺激与应激反应之间的联系，对理解其他物种有什么样的启示呢？让我们顺着进化树，先往下看看，再往上看看。有一种极小的、栖息在土壤里、以细菌为食的线虫，名叫秀丽隐杆线虫（C. elegans）。它孵化后 3 天即进入成年，可以长到约 1 毫米长。这种生物是生物学家的最爱，因为它很容易在实验室里生长，且生成时间短，身体还是透明的。我们现在绘制出了成年线虫完整的神经系统图，它的神经系统由 302 个神经元构成（人类的大脑有 5 000 亿个神经元）。这 302 个神经元里，只有 6 个是嵌入体壁的触觉感受器。这些内置的触觉传感神经元能根据自己感受到的东西（如土壤颗粒、液体表面张力、另一条线虫等），为线虫提供信息，命令其向前或向后游。

如果能在实验室充满营养物质的培养皿里以 30 ~ 40 个为一组进行集体培育，那么刚孵化出的线虫很快就会发育到最大长度，与从土壤样品里采集到的野生线虫差不多长。如果轻轻敲打培养皿的边缘，这些成年的、以集体方式培养的线虫，在其触觉感受器的命令下，则一般会调转方向，开始向后游。可如果一条线虫是在培养皿里单独孵化并长大的，那么它就无法发育到最大长度，且对培养皿壁的敲打响应也更弱，它们往往会不停地向前游，就如同并未感受到振动一般。

加拿大不列颠哥伦比亚大学的凯瑟琳·兰金（Catharine Rankin）和同事们发现，只要用一种出乎意料的粗暴方式，就能完全弥补被单独培养的线虫在身体长度和触觉上存在的发育缺陷：在线虫刚孵化出来的 24 小时之内，把培养皿放到一个装有软垫的盒子里，并让盒子从 5 厘米的高度反复落到桌子上，像这样连续循环 30 次。[19] 这种做法还扭转了线虫 6 个感觉神经元的某些生化特性变化和结构变化（据信这些变化损害了感觉神经元与其他神经元沟通触觉事件的能力）。哪怕是像线虫这样，没有母亲参与童年养育且只有 6 个感觉神经元的简单有机体，触觉刺激对身体和神经系统的发育也仍然至关重要，而且其影响力会一直持续到成年。

就人类而言，触觉是胎儿在子宫内第一个开始发挥作用的感官，大约在妊娠 8 周时，胎儿的触觉就形成了。此时的胎儿，长约 1.5 厘米，重量在 1 克左右，并表现出了最初的大脑活动。在妊娠过程中，触摸感受会继续发展，会从单纯的条件反射，变成有意识的行为。我还记得，在妻子的孕晚期，从超声波监视器里看到她肚子里的双胞胎回应着彼此的踢打的情景，那真是十分甜蜜的回忆。雅各布会使劲朝着娜塔莉的脑袋踩几脚，而娜塔莉则会断断续续地戳他的肚子作为回应。他们看起来简直就像是在练武术。

人类的孩子出生后，大部分的父母都会给予其足够的触摸关注。即使没有每天都享受宝宝按摩，没能听“小小爱因斯坦”的光盘（Baby Einstein CDs），没获得电动床摩擦颠簸的乐趣，孩子们也不会出现持久的健康问题。

研究人员调查了触感在儿童发育中所扮演的角色，考察了一些极度缺乏触摸的案例，如人手不足的孤儿院，被隔离在恒温箱里的早产儿等。这类研究非常多，结论也很明确：严重缺乏触摸的婴儿和早产儿，会出现大量的发育问题，如生长受损、容易呕吐、免疫系统功能受损、认知和运动功能发育迟缓、出现依恋障碍等。和幼鼠一样，这些后果并不仅限于幼年期。若婴儿被持续剥夺触摸，那么其成年后会有更高概率患上肥胖症、Ⅱ型糖尿病、心脏疾病和胃肠道疾病。此外，这类婴儿成年时出现神经精神问题，如焦虑、情绪障碍、精神病以及冲动、控制力差等的概率也要高得多。[20]

当然，对这些流行病学的研究，我们也应当适当地持批判态度：举例来说，在人手不足的孤儿院里长大的婴儿，很可能会营养不良，再加上医疗保健也不合标准，因此其长大后陷入贫困的可能性也会更大。同样，早产儿本身就存在大量与缺乏触摸不相关的问题。重要的是，我们应当意识到：尽管相关研究并不能确定成因，但谨慎的分析方法都能够提高触摸 – 发育因果关系的置信水平。举例来说，在科学合理的情况下所设计出的实验，其研究结果表明，即便被试群体在营养、医疗保健和贫困程度上都属于正常水平，缺乏触摸也会导致严重的后果。[21]

好消息是，要想逆转触摸缺乏对婴儿造成的有害影响，并不需要花太多功夫。在人手不足的孤儿院，婴儿如果每天能被轻柔地按摩、摆动四肢 20 ~ 60 分钟，基本上就能够消除缺乏触摸所带来的负面后果。接受了触摸治疗的婴儿会迅速增重，也会降低感染疾病的概率，同时，睡眠也会得到改善，哭泣也会变少；在动作协调性、注意力和认知技能上的发育也会更迅速。

对早产儿来说，袋鼠式护理是一种进行柔和触觉刺激的有效方法。这种方法是在哥伦比亚波哥大儿科医院（Instituto Materno Infantil）新生儿重症监护病房发展起来的，因为这里的婴幼病患实在是太多了。1978 年，埃德加·雷伊·萨那比利亚（Edgar Rey Sanabria）医生发现，新生儿重症监护病房的死亡率高得可怕，达到了 70%，且大部分病患都死于呼吸道问题和感染。这里的医生、护士人手不足，恒温保育箱也不够。因此，萨那比利亚医生便鼓励孩子的母亲每天投入大量时间与自己早产的孩子进行皮肤接触，以便维持孩子的体温，并在必要时提供哺乳。

袋鼠式护理所用的典型姿势是：母亲在站立姿态下和孩子胸对胸贴近。其灵感来自袋鼠妈妈的育儿袋，当袋里装着小袋鼠时，两者的肌肤会接触。触觉刺激并不是采用袋鼠式护理的最主要原因，但事实证明，这是它的一个重要优点。引入这种方法后，在萨那比利亚负责的病房，早产儿的死亡率迅速降到了10%。袋鼠式护理既廉价，又非常有效，故此在世界各地流传开来，为新生儿护理带来了积极的转变（见图 1-6）。[22] 有研究曾跟踪了两组早产儿，一组在出生后连续 14 天都接受袋鼠式护理，另一组从一开始便被放入了标准的恒温保育箱。令人印象深刻的是，当第一组早产儿长到 10 岁时，早期肌肤接触带给他们的好处仍然很显著。接受袋鼠式护理的早产儿长大以后，对压力的反应更小，睡眠模式、认知控制和母子关系也都更好。[23]

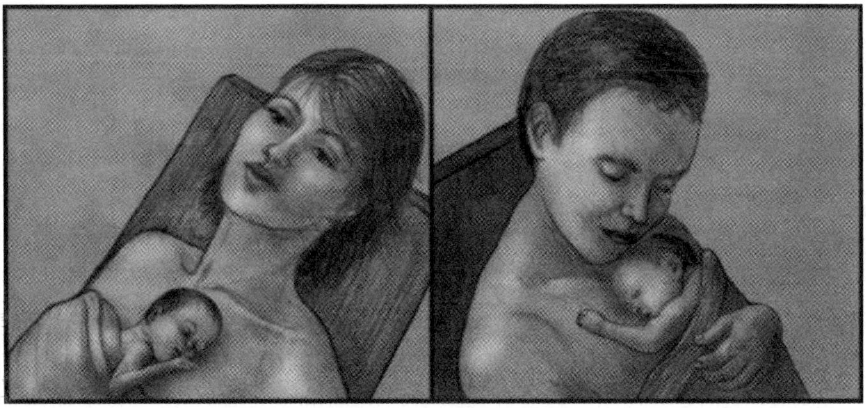

图 1-6 早产儿的袋鼠式护理

注：婴儿只穿尿布（有时只戴帽子），以便实现肌肤最大面积的接触。提供袋鼠式护理的大多是母亲，但父亲也行。在凯斯西储大学儿科护理教授苏珊·鲁汀顿（Susan Ludington）的不懈宣传和指导下，今天，全美 80% 的新生儿重症监护病房都在使用袋鼠式护理。

用触摸进行情绪沟通，可行吗

结合我们自己的生活经验，触摸可以和其他感觉信号共同使用，用来沟通多种情感意向，包括支持、顺从、欣赏、支配、获取关注、性兴趣、玩耍和包容。研究人员曾请参与者在触摸别人或被他人触摸后立刻写下简短的说明。而上述情感意向，都出现在了这些参与者的自我报告当中。[24] 自我报告的优势在于，能分析现实世界中出现过的种种行为；但它们也有不利之处，因为现实世界的情形非常复杂，而且是多种感官体验并存的，所以要梳理出触摸在特定互动中发挥的确切作用非常困难。

让我们来挖掘得更深入一些。触摸能传达特定的情绪吗？还是只能强化主要由其他感官传递的情绪，就跟声音或目光一样？也许答案就落在某个中间地带：触摸可以传达情绪，但仅限于发出信号和表达情绪的整体基调，如温暖/亲密/信任，或者疼痛/不适/侵略性。

印第安纳州迪堡大学的马修·赫滕斯坦（Matthew Hertenstein）着手开展了一些有趣的实验，解开了社交触摸在情绪沟通中所扮演的角色之谜。[25] 在一次研究中，研究人员安排来自加州某大学的一对学生坐在桌子边，并用黑色的幕布将二人隔开。他们一直都无法看到对方，也无法相互交谈。研究人员指定一名被试为编码员，从 12 张写有表示不同情绪的词语的纸片里选出一张给他看。此人可先思考片刻，想出该如何传达此种情绪；接着尝试通过触摸另一被试裸露的前臂，大约用 5 秒钟的时间来传达信息。接收信号的被试，或者说解码员，因为自己的胳膊放在编码员那一边的幕布后，因此是无法看到触摸过程的。每次触摸后，研究人员都要求解码员在回应表上选择编码员的意图，其中包括前述 12 种情绪词汇：愤怒、厌恶、恐惧、快乐、悲伤、惊讶、同情、尴尬、爱情、嫉妒、骄傲和感激。这些词随机排列。此外还有一个选项是“以上皆非”。所有的触摸都被录了视频，事后还会由对被试双方情绪（意图表达的情绪和另一方感受到的情绪）都不知情的人来作出评估。

研究人员分析了来自 106 对被试的数据，发现聚焦于自我的情绪（尴尬、嫉妒和骄傲）并未得到有效传达，但爱（编码形式大多表现为轻轻抚摸、手指相扣）、感激（握手）和同情（轻轻拍打、抚摸）这些亲社会的情绪，却得到了高于随机水平的解码。后来研究人员又向被试展示了一组易于通过面部表情传达的情绪[26]，愤怒（编码为击打或挤压）、恐惧（颤抖或挤压）和厌恶（推开）成功地得到了传达，但快乐、悲伤和惊讶却不然。随后，研究人员又要求另一组被试依照前述 12 种情绪（再加上“以上皆非”的选项），独立地给这些触摸视频打分。这些被试同样能够以高概率顺利地解码出爱、感激、同情、愤怒、恐惧和厌恶，但其他情绪就不行。研究人员认为，由于人类的确可以通过触摸传达不同的情绪，因此触摸并不仅限于强化或掩盖主要由其他感官所传达的情绪的含义。

不过，决定成败的往往是细节。诚然，有关触摸的观念和期待，尤其是特定情况下与异性的互动，在不同文化之间是存在差异的，并且这些差异还会影响触摸起到的沟通效果，当在西班牙再次开展匿名手臂触摸实验时，得到的结果与之前的几乎相同。然而，若干年后，当赫滕斯坦和同事们复查加州匿名触摸实验中被试的数据时，一些有趣的性别效应却于此时显现出来。[27] 一名女性尝试通过匿名触摸向一名男性传递愤怒的信息，而后者却始终无法准确解码出该触摸的意图；一名男性尝试向一名女性传递同情的信息，而后者也同样始终无法阐释这一信息究竟是什么。

实验室环境下关于匿名触摸的实验，有助于定义触摸本身所能传达的情绪边界，不过，没有人会真的在现实生活里像实验室设定的那样用触摸传达情绪。

首先，由于触摸是一种比较亲密的互动形式，因此大多数触摸沟通不会发生在陌生人之间。其次，现实世界里的触摸不可能不受环境的影响。根据经验，我们知道相同的触摸感觉有时可以传达非常不同的情感含义，一切都取决于触摸发起者和接受者两人的性别、权力、个人历史、文化背景。就算是用胳膊搂肩膀这样一个简单的动作，也可以表达，如团队的包容、同情、性方面的兴趣或社交优势等不同的意图。[28]

当然了，文化对社交触摸（尤其是公共场所的触摸）的影响同样很大。20 世纪 60 年代，心理学家西尼·朱拉德（Sidney Jourard）在咖啡馆观察了周围人两两对话的情形。[29] 他采用的方法是，在不同地方，用相同的时间观察同样组数的聊天搭子。朱拉德发现，在波多黎各的圣胡安，夫妇俩平均每小时会碰触彼此 180 次，在巴黎是 110 次，在佛罗里达州的盖恩斯维尔是 2 次，在伦敦则是 0 次。[30] 在美国西海岸一座国际机场的候机室，来自 26 个不同国家的人同样也展现出了类似的触摸差异。[31] 出生于美国、拉丁美洲 / 加勒比海地区和欧洲的人当众告别时经常会相互触碰，而这在东北亚出生的人身上很少见。

文化、性别、社会状况对人际触摸感受的强大影响，不禁让人提出一个关键的问题：以相同的压力和力度变化（如手臂搂着脖子短暂地挤一下），令皮肤和肌肉向大脑传送相同的信号，在此基础上产生的同样的知觉（sensations），为何竟然能够让体验到它的人产生不同的感受（perceptions）呢？重要的是，这并不是说，不同的人在体验到该知觉时的感觉（feel）是一样的，只是在经过思考后才做出了不同的阐释。相反，当人们一检测到该种触觉感知时就会实实在在地感到不同。霸气的老板搂着你脖子，跟好朋友这么做所带来的触感完全不同；同样地，好朋友搂脖子的触感又跟爱人这么做所带来的触感完全不同。

触觉产生的“原料”，一定是与我们生活经历所留下的印迹结合在一起的。这种经历始于子宫，持续到当下，一路上受到了文化、性别角色与个人历史的熏陶，最终才产生出我们那种微妙的社交触摸感受。这一过去与当下的结合，就发生在短短的0.1秒里。

现在，我们作为社会性动物的任务将是探索皮肤、神经和大脑生物学对于形成我们综合性的触摸感受是如何发挥基础作用的。

02 触觉回路：从皮肤到大脑

TOUCH

The Science of Hand, Heart, and Mind

人类的触感为何异乎寻常地敏锐？

当我们拿起一枚硬币、抿一口咖啡、摸一只小狗时，

这些简单动作的背后究竟隐藏着一段怎样的故事？

哪怕是哲学巨人，也会碰上闹心的日子。例如，亚里士多德就对人类认知优越性的问题操碎了心。与人类相比，老鹰有着更敏锐的视力，狗有着更出色的嗅觉，猫有着更灵敏的听力，可为何人类仍然比其他生物聪明得多呢？[1]亚里士多德在思考这一难题的过程中，逐渐认识到，人类的触觉异乎寻常地敏锐，而这正是人类成为高等生物的一大原因：

人类虽然比许多动物都落后，但在触觉上，人类的精确度却远远超过了其他动物，这也是为什么人类在动物里是最聪明的。体现这一现象的迹象之一是，在人类当中，天生智力的好坏，更多地取决于负责感知的器官，皮肤粗糙的人一般天生就不善于思考，而皮肤娇嫩的人则往往有着良好的思考能力。[2]

不过，关于触摸的生物学研究并不支持亚里士多德的基本假设与推论。事实上，我们的触觉并不是所有动物里最敏锐的。此外，人的智力差异，与皮肤的嫩滑度或对细微触感的敏锐度之间并没有联系。大哲学家为何会错得这么离谱呢？可能是因为亚里士多德把注意力放在了社会阶层上：在他看来，奴隶和其他因为体力劳动而导致手掌粗糙的人，明显不如哲学家、贵族等皮肤嫩滑的精英聪明。

亚里士多德不知道的是，我们（和其他动物）的皮肤有着多种类型的触觉感受器，每一种都是一套由进化塑造出来的美妙微型机器，专门用来获取触感世界不同方面的信息。神经纤维继而再将信息从这些触觉感受器传输到脊髓。这些神经纤维大多都专攻单独的一类感知，如一条专攻纹理，一条专攻振动，另一条专攻拉伸，等等。当我们利用触摸信息来演奏小提琴、做爱或者抿一口咖啡时，用不着惦记皮肤上的种种感受器。这些感受器提供的信息流会在我们的大脑里混合并被处理，这样，等我们感知到触摸信息时，它们已经以一种统一且有用的知觉形式存在了。此外，触摸信息还会在潜意识里与视觉、听觉、本体感觉（从肌肉和关节的神经末梢传来的身体的空间位置感）结合起来，营造出丰富和细致入微的感受。

皮肤：触觉感受器的大本营

皮肤是我们内部世界与外部世界之间的接口，而且从局部解剖学的角度来看，它也是触摸发生的位置。除了接收触摸信息，它还能把许多危险的东西挡在外面。皮肤是抵挡有害应激源（如寄生虫、微生物、机械和化学损伤、紫外线辐射等）的屏障。为协助完成此任务，它还有自己专属的免疫系统分支，并且还会分泌独特的激素。[3] 一个人的皮肤面积大得惊人。按照血腥电影的套路，如果我成了变态杀手的牺牲品，那么他会小心翼翼地把我的皮给剥下来，而这层皮会有一个保龄球那么重（6.35 千克），可以说它是我全身最大的器官。至于皮肤的总表面积，我想借用一个足以让你反胃的比喻：请想象你把 9 个特大号披萨盒以 3 × 3 的方式在地上铺开，就那么大。[4]

皮肤分为有毛和无毛两种基本类型。没有毛的皮肤，医学术语称之为“无毛”（glabrous）[5]。你或许认为在很多光滑的地方都能找到无毛的皮肤，如英国女演员凯拉·奈特利（Keira Knightley）的脸颊。但仔细看，你会发现，在奈特利柔软可爱的小脸蛋上，也覆盖着许多既细又短的浅色毛发，这叫作毫毛。人体上那些看起来光滑的地方，如二头肌内侧或大腿内侧，也有毫毛。这些柔软的毫毛能将汗水从皮肤上排走，起到提高蒸发冷却效率的作用。**真正的无毛皮肤只有手掌（包括手指内侧）、脚掌、嘴唇、乳头、生殖器这些部位。**[6]就女性而言，小阴唇和阴蒂的皮肤也是无毛的，但大阴唇的皮肤则是有毛的。对男性来说，包皮和覆盖着阴茎头（即龟头）的皮肤是无毛的，但阴茎的轴体（哪怕是用化学药剂脱了毛）则有毛。

无论是有毛还是无毛的皮肤，它们都具备相同的整体结构。想象一个双层蛋糕，顶层又被分为若干个子层（见图 2-1）。这两种类型的皮肤都以扁平死皮细胞作为最外子层，名为角质层；接下来是 3 个基底子层，每一层都包含若干种活细胞，包括角质形成细胞、朗格汉斯细胞（它是免疫系统的一部分）和黑色素细胞。黑色素细胞制造黑色素，它是肤色的主要决定因素。这 4 个子层共同组成了上表皮。由于最深的子层细胞分裂创造出的新细胞会逐渐上移，因此上表皮的细胞会不断再生。在此种迁移中，当细胞被从下面推到上面时，其会逐渐变平，同时，它们的内部结构也会分解，在角质层里留下坚韧、饼状的细胞外壳，而这些外壳最终也会从皮肤表面脱落。上表皮以这种方式，每 50 天便会彻底更新一次。在上表皮之下的真皮则遍布着神经、血管、汗腺，以及密集的弹性纤维网络。

图 2-1 展示了无毛皮肤和有毛皮肤之间的关键结构差异。有毛皮肤既有细而白的毫毛，也有更长、更粗的针毛。无毛皮肤的表皮往往比有毛皮肤的厚。[7]并且，它的形状也不一样，呈不平坦的波浪状。在皮肤表面，这些波状脊（即

乳头脊）就是指纹（以及脚趾、手掌和足底的纹路）。波浪形表皮的内侧构成了呈互补结构的主表皮脊和二级表皮脊，我们可以把它们视为指纹向里的那一侧。

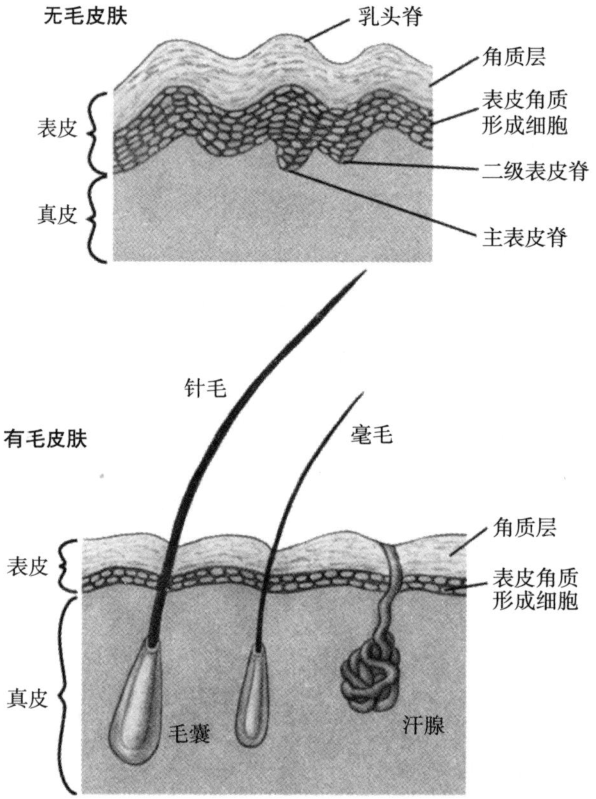

图 2-1　有毛皮肤和无毛皮肤结构的分层模式

注：有毛皮肤和无毛皮肤的结构有相似的分层模式，但也存在一些重要的区别。

从象征意义上看，指纹在情感和心灵上有着深刻的共鸣。指纹是用模糊的艺术化代码写就的人类个性的外部记号，这一点令人非常着迷。胎儿的指纹在大约 26 周时开始形成，而且在出生时就已经有了成年后的形状。在美洲原住民纳瓦霍人的文化中，指纹据说会释放出一种名为“灵魂之风”的生命力量：

我们的指尖上有旋涡，我们的脚趾上也有，我们灵魂的风，就在这些旋涡柔软的中心……脚趾尖吹出的风，使我们得以牢牢地踏在大地上。指尖吹出的风，则为我们顶着天。因为有这些风，我们行动时才不会跌倒。[8]

这段美妙的描述既动人，又令人回味无穷。但从生物学的角度看，指纹（以及掌纹、脚趾纹和足底纹）的功能又是什么呢？有一种存在已久的假说认为，指纹可以协助人攀爬和抓握，但这一概念如今受到了挑战。在测量了指尖与干燥平滑表面之间的摩擦力后，研究人员出乎意料地发现，指纹反而减少了大约30% 的抓握效力。不过，当碰到湿润或粗糙的表面时，指纹则能增加摩擦力并提高抓握的稳定性。从这个角度看，指纹类似汽车的轮胎：在光滑干燥的赛道上行驶的赛车，要配备光滑的轮胎，因为这样可以使轮胎和路面之间的接触面积最大化，进而提供最大的抓地力。相反，经常行驶在湿润和不平坦路面的客车，则要配备表面有凹槽且能从接触面将水导出的轮胎。

指纹并非人类所独有：大猩猩和黑猩猩也都有指纹。此外，指纹也并非灵长类动物所独有，但是否有指纹，这在哺乳动物中也是随机的。比如，澳大利亚的考拉有指纹（见图 2-2），但考拉的近亲，多毛鼻袋熊却没有，另一种树栖动物树袋鼠也没有。[9] 属于北美鼬鼠的食鱼貂有指纹，可鼬鼠科的其他动物却没有。目前，特定物种是否有指纹跟它的抓握行为是否有关系，这还不确定。而且，尽管指纹具有种种象征意义，但我们仍然不知道指纹到底有什么作用。

我还记得小时候妈妈的话：“快从浴缸里出来，你会把自己泡胀的！”许多人相信，手指和脚趾在长时间接触水后之所以会变得皱皱巴巴，是因为水会被角质层的死皮细胞逐渐吸收，而这是一个被动的过程。可早在 1936 年就证明这一猜想是错误的。[10] 有关这一现象的重要观察结果是：如果脊髓到皮肤的电信号流中断（切断神经或者用药物阻挡神经信号的这些操作对角质层并无影响），手指和脚趾就不会起皱。尤其是起皱反应需要潜意识自主神经系统的外流交感神经（sympathetic outflow）分支参与。[11]

人类　　考拉　　黑猩猩

图 2-2　人类、考拉和黑猩猩的指纹

注：人类、考拉和黑猩猩的指纹几乎没有区别。人类和考拉进化路径的分叉至少发生在 7 000 万年前，然而人类和考拉都有指纹，但考拉的其他近亲物种却没有。

资料来源：Reprinted from M. J. Henneberg, K. M. Lambert, and C. M. Leigh, "Fingerprint homoplasy: koalas and humans," *NaturalScience* 1, article 4 (1997), with permission of Heron Publishing. Thanks to Dr. Maciej Henneberg, University of Adelaide, Australia.

如果起皱反应的确有用，那么它的目的是什么呢？2AI 实验室的马克·钱吉齐（Mark Changizi）和同事们提出，与指纹和湿地用轮胎一样，起皱是为了提高皮肤表面与潮湿表面接触时的牵引力。他们指出，猕猴和黑猩猩同样存在起皱反应，这可能是灵长类动物在进化中对湿滑条件的一种适应。[12] 为支持这一假设，纽卡斯尔大学的基里亚科斯·凯瑞克拉斯（Kyriacos Kareklas）及同事指出，跟手指没起皱的时候相比，手指起皱后，被试能以明显快得多的速度把湿弹珠从一个容器转移到另一个。不过，起皱的手指对干燥的弹珠来说就没有任何优势了。[13]

让你领先人工智能的 4 个触觉感受器

专门的触觉感受器在皮肤上是如何排列的呢？其排列方式对我们的触觉体验又有何影响呢？这其实是个大问题。为了解答它，让我们以一个常见的手工任务为例，并将它分解为微小的步骤。你看电影迟到了，但欣慰的是，你在电影院周围拥挤的路边找到了停车位。你站在旧式机械式停车收费表跟前，发现它只收一元的硬币。你在自己装满零钱和琐碎物品的衣服兜里掏来掏去，总算找到了一枚一元硬币，你把它掏出来，塞进了收费表的插槽里。接着你握住手柄转动它。当你慢慢转动手柄时，你感觉到了收费表的机械棘轮装置做出了令人满意的转动，随后是硬币落进去的叮当振动，以及手柄返回初始位置的扭转力量。

这个任务十分平凡，我们几乎不用费什么脑力就能自动完成，可在现实生活中，它却差不多击败了当今所有最先进的机器人。这个线索透露出：哪怕是极为简单的触觉指引任务，也需要丰富的信息流（以及对我们身体与外界物理现象的期待）。在把硬币投进停车收费表的过程中，我们依靠了 4 种主要的触觉感受器，还有与之相关的、遍布于指尖无毛皮肤的神经纤维（见图 2-3）。

触觉特征的分辨者：默克尔细胞

当你在裤子口袋（或者钱包、背包）里翻找，尝试仅凭触觉辨识硬币时，你先后摸到了一个 USB 存储卡、两片粘在一起的止疼药、一枚五角硬币、两枚一角硬币，还有一枚两角硬币，最后才根据硬币的大小、表面和边缘的纹理找到了一元硬币。在这个过程中，你指尖皮肤的 4 种主要触觉感受器全都被激活了，**但让你检测物体边缘、局部曲面和粗糙质感的关键感受器是默克尔细胞（Merkel cell）**。它的名字来自德国解剖学家弗里德里希·默克尔（Friedrich Merkel）。

1875年，默克尔首次描述了此种细胞，将其称为“触摸细胞”。这种专门的表皮细胞聚集在由若干此类细胞构成的默克尔触盘中。触盘位于主表皮脊的顶点，在表皮和真皮的交界处（见图2-3）。有一根单独的神经纤维连接默克尔触盘，将信息从皮肤里的默克尔触盘传递到脊髓，最终传递到大脑的触摸感应区。这一电信息由极为短暂（持续时间大约为1/1 000秒）的电压变化编码，该电压变化被称为“尖峰脉冲”。[14] 皮肤形变所产生的机械能是如何转换成神经末梢的电信号的，这是学界尚未解决的问题。目前为止最好的假说是，实现这一任务的是嵌入神经末梢细胞膜的一类分子，名叫牵张激活离子通道（stretch-activated ion channel）。这些分子构成了一种在静待时会闭合的孔，当细胞膜受到牵引力时，孔就会打开，钠和钙等正离子便会流入神经细胞，触发尖峰脉冲。[15]

默克尔触盘非常密集地遍布于嘴唇和指尖皮肤，但在其他无毛区域，其密度则较低，而其在有毛皮肤的密度则更低。哪怕是对非常小的、只能给皮肤造成0.05毫米压痕的力量，默克尔触盘也能保持敏感；随着压痕增大，它会持续以线性方式给予更强烈的反应（即以更高速度达到尖峰脉冲），直至压痕达到1.5毫米时做出最大反应。传送默克尔触盘信号的单一神经纤维的电信号记录表明，只要皮肤上仍有压痕，这些纤维就会持续发送尖峰脉冲。[16] 当对贯穿上臂的单条默克尔神经纤维进行电刺激时，被试报告说，那感觉就像是“一支柔软的画笔以切线方式从皮肤上划过”。[17]

默克尔触盘使我们能够用指尖分辨出不同的表面特征，如一元硬币侧边上的粗糙纹理。更重要的是，默克尔触盘分辨触觉特征的能力产生于它们的特定结构、位置和连接。因为默克尔触盘位于相对浅的皮层，所以它们可以对纹理表面给皮肤带来的小压痕产生响应。又因为它们密布在指尖，并且每一个都受单个神经纤维支配，因此，这一感受器阵列可以辨别出物体表面相差仅0.7毫米的特征差异。[18]

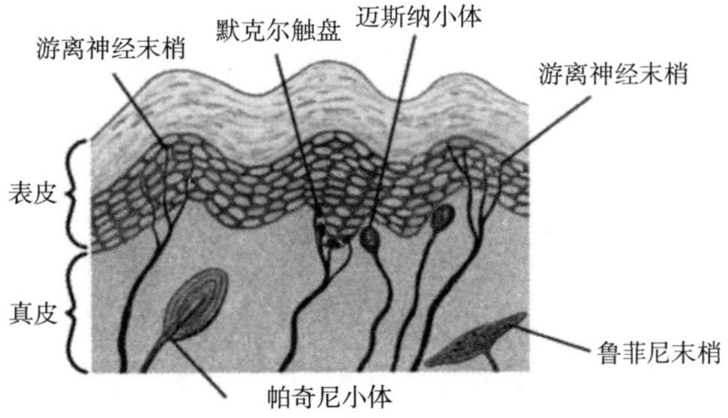

	短暂信号	持续信号
浅层	低频振动； 抓握控制  迈斯纳小体	特体边缘； 形状和 纹理 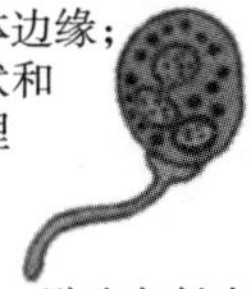 默克尔触盘
深层	高频振动； 通过工具远程感应  帕奇尼小体	皮肤牵张  鲁菲尼末梢

图 2-3　无毛皮肤里发现的 4 类机械性刺激感受器

注：默克尔触盘位于表皮的最下部，与主表皮脊的顶峰交界；迈斯纳小体在界限的对面，位于真皮的最上端、表皮脊的槽底；帕奇尼小体（也叫环层小体）和鲁菲尼末梢则位于真皮的更深处。从迈斯纳小体和帕奇尼小体接收信号的神经纤维短暂地（只在持续触摸的开始和结束时）向大脑传递电信号，而从鲁菲尼末梢和默克尔触盘接收信号的神经纤维则在触摸刺激的整个过程中持续传送信号。图中还绘出了游离神经末梢，这是针对特定化学品、温度、疼痛和酥痒的感受器。本书后面的章节将继续介绍它们。

精确抓控的前提：迈斯纳小体

好了，现在你辨识出了一元的硬币，你用拇指和食指捏着它，准备把它塞进投币口里。但你是如何确定这个捏的力度的呢？你肯定不希望抓握任何东西时都使出足以压碎骨头的巨大力量，用这么大的力量捏硬币倒没什么，但如果你捏的是鸡蛋或小孩子的手，那麻烦就大了；你也不希望用的力量太小，否则硬币就会从手指间滑出去。理想情况下，你会用能稳稳捏住硬币的最小力量。要完成这一判断，你主要要依靠另一类名叫迈斯纳小体的皮肤感受器（见图 2-3）。

像默克尔触盘一样，迈斯纳小体位于真皮和表皮的边界。[19] 它们位于边界靠近真皮的一侧，处于表皮脊的凹槽处，即真皮最薄的地方。每一个迈斯纳小体都由神经纤维末梢以及混合的非神经细胞（施旺细胞）层所构成的一种螺旋结构组成，它们一起形成了球状包围结构，即小体，并通过胶原肽（protein collagen）构成的结构性连线，跟附近的皮肤细胞相接。[20] 迈斯纳小体在皮肤被压时会因牵拉而变形，当施压物体被拿掉后，迈斯纳小体又会随着皮肤恢复原形。

迈斯纳小体在指尖的排列分布甚至比默克尔触盘还要密集，而且它们甚至更靠近皮肤表层。上述特征可能会让人认为，迈斯纳小体也被用于传输物体的精细特征，如纹理、边缘以及曲率等。然而，根据支配迈斯纳小体的神经纤维的电记录，我们发现情况截然不同。

首先，迈斯纳神经纤维只在皮肤受压的最开始和最末尾，即当外侧的小体开始发生形变以及之后又一次恢复原状的时候才会释放尖峰脉冲。这意味着，和默克尔触盘不同，迈斯纳小体对皮肤持续受力的反应并不好，但反复的微弱低频振动，却可强烈激活迈斯纳小体。其次，有一条单独的神经纤维专门传递和收集从这些平均分散在10平方毫米皮肤上的迈斯纳小体发出的信号。尽管迈斯纳小体在指尖的密度很大，但电信号记录表明，它们无法区分物体的细微特点。整个迈斯纳系统汇聚性的连线方式，适用于感应细微快速的皮肤动作，但要确定这些运动发生的位置，它的精确度就很一般了。

这一切，跟使用恰当的力度捏住硬币有什么关系呢？事实证明，当你抓握和移动物体时，该物体会顺着你的皮肤出现微滑动。**迈斯纳系统可以检测到这些微滑动，并向脊髓神经元发送电信号，脊髓神经元收缩指尖肌肉，从而提高抓握力，直至微滑动停止。**这令你只需为手头的工作动用最小的力量，就能精密地操纵物体。由于迈斯纳介导的抓握控制是一种脊髓回路，它是以条件反射的形式运作的，因此并不会直接进入你的意识知觉，也就是说你用不着思考，就能轻易将硬币从兜里掏出来，一切都是自然而然地发生的。

为从解剖学和生理学的角度理解指尖迈斯纳阵列实现精确抓握控制的原理，让我们设想一幅有点儿科幻的场景。假设有一种不同的人类生物学，它认为迈斯纳小体在皮肤受压的整个过程中都会发送信号，而不是像现在这样只在开头和结尾时才发送。这样一来，迈斯纳小体就能对持续施加的力量敏感，而现在我们指尖上的迈斯纳小体对持续力量的反应是迟钝的。在这个异种皮肤的宇宙里，迈斯纳小体对抓握物体时施加的强大且持续的力量的响应，将压倒局部微滑振动产生的小信号。因此，事关抓握效率的有益信号，将会淹没在噪声的海洋里，精密的抓握控制随之也会失效。而没有精密的抓握控制，我们就无法发展出使用工具的能力，甚至也无法发展出现有的人类文化。可见，有时候，哪怕是最微小、最不起眼的生物学细节也至关重要。

感受器中的“地震记录仪”：帕奇尼小体

好了，你准备把一元硬币塞进投币口了。随着硬币与槽口内壁的碰撞，你感受到了硬币传来的感觉，你下意识地运用这一触觉反馈，来调整胳膊、手和手指的运动轨迹，以便顺利地塞入硬币。负责完成这一任务的最重要的感受器叫作帕奇尼小体。[21] 帕奇尼小体的样子有点怪，但挺可爱（见图 2-3），每个帕奇尼小体都由一条神经末梢构成，而这些神经末梢又被包裹在多个同心层支持细胞中（细胞内的空间充满液体）。从剖面来看，帕奇尼小体像极了洋葱。曾有高中工程竞赛要求选手们设计一种轻型防撞盒，让鸡蛋从大厦楼顶落到地面时不至于碎裂，有一份参赛作品的样子跟它也很像。[22]

每一个指尖大约分布有 350 个帕奇尼小体，它们位于真皮的较深区域。来自帕奇尼神经纤维的电记录表明，和迈斯纳小体一样，帕奇尼小体对持续施加的力的响应也不佳，只会在皮肤受压的开始和结束时才发出尖峰脉冲。尽管它们都不擅长分辨物体的表面特征，但**帕奇尼小体对微小振动却更为敏感，只不过它不能很好地进行空间定位**：指尖上的一个帕奇尼小体，虽然其位置很深，但哪怕被多层包裹，其也仍然可以被指尖任意位置发生的振动激活。

在某种程度上，迈斯纳小体对微小振动敏感，但对持续施加的力量或精细的空间细节反应迟钝的特点，在帕奇尼小体上表现得更加极端。帕奇尼小体对 200 ~ 300 赫兹的高频振动最为敏感，在这个频段，它们可以检测到小至 0.000 01 毫米（不到身体最细的毫毛直径的 1/200）的皮肤运动。

孩提时代，我喜欢到家乡洛杉矶的格里菲斯公园天文台去看地震记录仪。这台极为灵敏的仪器会用墨水笔在图纸上绘制出曲曲折折的线条，这样便可以检测到跨越整个太平洋传来的日本地震的振动，或是从数百千米外内华达沙漠里传来的因炸弹测试而产生的振动。但当 30 多个吵吵闹闹的学生在放置仪器的房间里跳上跳下时，仪器也能被激活（我们做过实验）。如果不依靠处于不同位置的其他地震仪提供的背景信息，格里菲斯公园的地震仪是无法辨别上述两者的区别的。可以说，帕奇尼小体跟地震仪有同样的工程权衡：虽然牺牲了定位能力，但对振动却极度敏感。[23]

帕奇尼小体的另一个作用是，为手持物带来的瞬态振动刺激提供高精度的神经图像。在上述例子里，这一物体是一元硬币，但它还可以是工具或探针。当我们使用工具（如铁铲）的时候，能够感受到工具工作端所接触物体的情况，就好像我们的手指在那儿似的。假设你先用铁铲挖一堆碎石，然后再挖一堆松软的土，你可以通过铁铲的铲头轻松地分辨碎石或土的不同性质，哪怕你的手远离接触点。此外，经过练习，我们阐释远距离触摸信息的能力还会得到提升。小提琴手的弓、外科医生的手术刀、技工的扳手以及雕刻家的凿子，都能以上述方式有效地成为身体的扩展感官。

这种效应并不局限于简单的工具。令汽车爱好者着迷的“路感”，就是通过一整套互相关联的机械零件（轮胎、轮毂、前轮连接杆、转向柱、方向盘）将路面信息忠实地传输到驾驶员手上的过程。如果技术改进时，为了追求其他功能而选择干扰路感，那么赛车手会感到很不愉快，这种观点，可见于《纽约时报》汽车栏目撰稿人劳伦斯·乌尔里奇（Lawrence Ulrich）对 2013 款保时捷跑车的评论：[24]

和其他那些极度渴望提高汽油里程数的公司一样，保时捷也正尝试用电力辅助元件来代替传统的液压传动控制系统。要想描述液压传动控制系统与电力传动控制系统的区别并不容易。但传统意义上，操作一辆保时捷时就像闭上眼睛，让手掠过脸部一样，指尖会得到每一道皱纹、每一根胡茬、每一个凹陷的信息，路面的图像也会因此而逐渐清晰。但相较而言，电动转向的保时捷所能提供的感觉就模糊多了。

所以，当下次驾驶液压转向的老式保时捷并体会到微妙的路感时，不妨想想帕奇尼小体是如何塑造你的体验的。更重要的是，哪怕你狠狠地踩下油门踏板，心存恐惧地死死握着方向盘，你仍然能够察觉到微妙的路感，因为帕奇尼小体只通过方向盘传来的高频振动来获取信息，并不靠你关节发白的手指所施加的恒定力量。

皮肤拉扯的感应机制：鲁菲尼末梢

回到之前的人行道上。你听到硬币落入收费表的声音，开始扳动收费表的手柄。这一动作将激活前面提到的所有 3 种触觉感受器。默克尔触盘会为你提供手柄边缘和曲率，以及手柄因转动而产生的恒定阻力信息；迈斯纳小体为你提供低频振动和微滑移信号，你可以自发地用这些信号来调整握力；帕奇尼小体则让你感受到收费表内部棘轮机制的高频振动。这时参与进来的还有第 4 套系统，即可以感应到皮肤水平拉扯的鲁菲尼末梢。

鲁菲尼末梢在真皮深层构成了一个细长的囊，神经纤维末梢与皮肤的胶原纤维在其中互相交缠（见图 2-3）。[25] **鲁菲尼末梢的长轴通常平行于皮肤表面，这或许可以解释为什么它们对横向拉扯高度敏感，却对皮肤受压后的纵向凹陷不那么敏感。**鲁菲尼末梢在手部皮肤上的分布密度比其他 3 种感受器要低得多，因此其空间分辨力较差。鲁菲尼神经纤维的电记录显示，在拉伸刺激的整个过程中它们都会保持激活状态，但对振动的感应程度却很弱。若刺激单条鲁菲尼神经纤维，有时能唤起皮肤的拉伸感。

大脑是如何利用鲁菲尼神经纤维传来的信息的，如今我们还知之甚少。或许当物体对皮肤造成局部拉扯时，鲁菲尼末梢能帮忙检测皮肤表面的物体运动。还有一种更有趣的设想：鲁菲尼末梢通过识别皮肤拉伸信号，为大脑提供手和手指的形状与结构信息。例如，当你伸出手指时，你手指和手掌的无毛皮肤也随之受到拉伸。[26] 还有人认为，皮肤的水平拉伸正可表明肢体所在的位置，而鲁菲尼末梢也可发挥类似的功能。例如，当肘关节弯曲时，肘部有毛皮肤会拉伸，这或许有助于告知大脑手臂的位置，以及它已经为某些动作准备就绪了。

考察了图 2-3 中的 4 种无毛皮肤触觉感受器后，我们发现，他们的功能呈现出一种有趣的对称性：两种感受器位于浅层，两种位于深层；两种发送的信号短，两种会持续发送信号。一切可能出现的情况都被系统性地涵盖了。在向脊髓传送触摸信息时，这 4 种信息流各自保持独立，每一种感受器都对应单独的一条神经纤维。例如，这条单独的神经纤维不会既接触鲁菲尼末梢，又接触帕奇尼小体。这 4 种神经纤维各有“专属线路”来继续向脊髓和脑干传递单一类型的信息。[27]

我们讨论的**这 4 种触觉感受器系统，叫作“机械性刺激感受器”，因为它们有一个共同的特点：把皮肤接收到的机械性能量转换成电信号**。皮肤里还有应对非机械性刺激的感受器。有毛皮肤和无毛皮肤都分布有游离的神经末梢，它们在表皮处终止（见图 2-3 和图 2-4），并参与感知疼痛、瘙痒、特定化学物质、炎症和温度。不过，这部分的信息可以暂时搁下，我们将在本书后面的章节来讨论其他的皮肤感觉。

有毛与无毛，传递不同感觉的刺激

大学时代，我有一个名叫查克的朋友，他是个肌肉发达的竞技游泳选手。查克经常把手臂、腿和胸口的毛都刮得很干净，因为他相信，脱了毛的身体能在水里更有效地穿梭。但我不太相信查克完全是为了在水里更方便才这么做。当我拿这一点跟查克开玩笑时，他的眼睛亮了起来，他用低沉而充满男子气概的声音向我吐露了实情："剃毛能不能提高我的游泳速度这谁也说不准，但我特别喜欢自己晚上光溜溜地钻进被窝的感觉。"

据调查，有毛皮肤的触感，比无毛皮肤的要少得多。有毛皮肤跟无毛皮肤一样，包含了上述 4 种经典机械性刺激感受器，只是密度要低得多。一如查克的理解，有毛皮肤的大部分感觉都来自毛发与周围组织的相互作用。在有毛皮肤里，默克尔神经纤维复合体会聚集在针毛毛囊基底部周围，它们会因毛发弯曲而产生形变，进而持续性地发出信号。然而，因毛发偏转而产生的主要感知信号很短暂。这些信号来自于围绕在毛囊基底部的一种被称为"纵向披针形末梢"的裸露神经纤维（见图 2-4），这些纤维的排列方式就像牢房的竖直栅栏，它们可以探测到极细微的毛发偏转。我们知道，宠物猫对顺着毛向和逆着毛向的爱抚感觉是不一样的。我们人类也是。这种不同的感觉来自于纵向披针形末梢对毛发顺着皮肤和逆着皮肤两种不同的弯曲所作出的不同响应。[28] 套索形的环绕神经末梢也能对毛发的运动作出反应，这类神经纤维对毛发的揪扯特别敏感。想来男孩子们对此会特别开心。[29]

识别盲文点画图案的"功臣"

路易·布莱叶（Louis Braille），1809 年出生于巴黎以东 25 英里①的库夫赖小镇，他是家里 4 个孩子中最小的一个。

① 1 英里约为 1.61 千米。——编者注

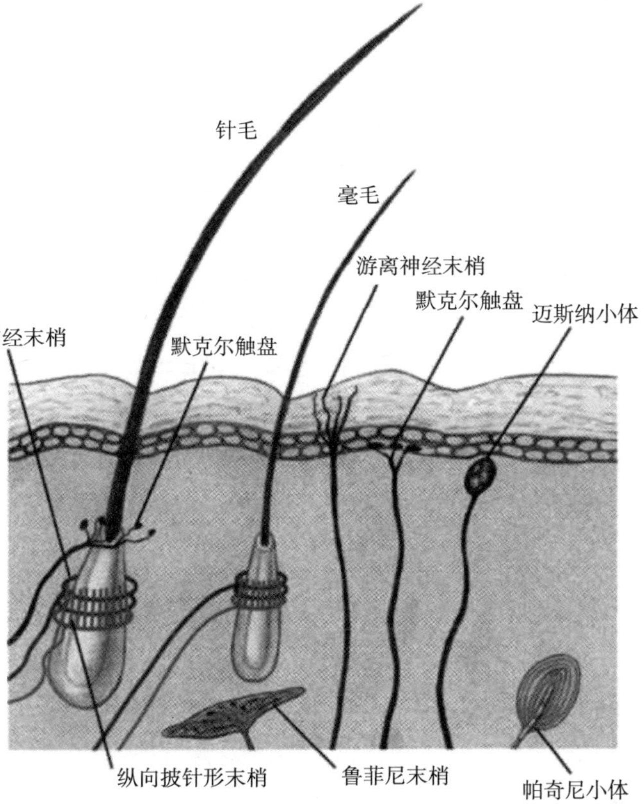

图 2-4　有毛皮肤的神经支配情况

注：针毛毛囊的最外部分被默克尔触盘包围。针毛和毫毛都受纵向披针形末梢和环绕神经末梢支配。图中将纵向披针形末梢表现为单一类型，实际上，至少有 3 种不同的纵向披针形末梢，每一种都对毛发的偏转传送略有不同的信号。对比有毛和无毛皮肤触觉感受器的解剖结构，可以明显看出，虽然这两种皮肤是相邻的，在发育上也相关，但它们各自会检测不同类型的触觉刺激，完全是两种不同的器官。

布莱叶的父亲，西蒙 – 勒内，是个成功的皮匠。当还在牙牙学语时，布莱叶就喜欢在爸爸的作坊里玩耍。3 岁的时候，布莱叶到作坊里去玩锥子，当他把脑袋放在工作台上，将眼睛靠近，试着在一片皮革废料上打孔时，可怕的事发生了，锥子的尖端从皮革的坚韧表面滑了出去，刺进了布莱叶的眼睛。受伤的眼睛很快就感染了，病毒最终扩散到了另一只眼睛，5岁时，布莱叶彻底失明了。要知道在抗生素出现之前，这种情况时有发生。父亲决定让布莱叶全心享受身边的世界，于是为他造了一把拐杖，布莱叶很快就学会用它在镇上行走。布莱叶的聪明和热情打动了当地学校的老师，10岁那年，他进入了一所特殊寄宿学校，即刚在巴黎成立的国家失明青少年学院。

这所学校是全世界第一批盲童学校之一，它由慈善家兼导演华伦泰·胡威（Valentin Hauy）创办。胡威教学童们使用他设计的一种系统，这种系统先是把铜线弯成罗马字母，然后再压入厚纸板形成印痕，这样用指尖就可以“阅读”。胡威系统虽然有用，但作用十分有限。区分各个字母需要指尖不断地触摸，因此阅读速度极慢。此外，字母印痕本身还必须要足够大，所以一张纸可能往往只能“书写”几句话，而且制作符合胡威系统的书籍不仅费时，还很昂贵。当布莱叶初到学校的时候，全校只有3本此种书籍。当然，盲童们自己不能采用这种方法书写，得需要专门的作坊才行。

利用寥寥几本“胡威书”和一些讲座，布莱叶很快就掌握了现有系统，同时他还梦想能设计一套更快捷、容易的替代系统来帮助盲人书写和阅读。1821年，12岁的布莱叶，听说一位名叫雅克·巴比尔（Jacques Barbier）的法国军官发明了一套触觉书写系统。巴比尔的这套“夜间写作”系统本来是用于隐秘战场环境的，要知道在一些情况下，连说话或点灯都很危险，因为这极有可能引起敌方的注意。巴比尔的系统是一连串凸起的点和短画线，这比胡威的系统优越，因为受过训练后用手指一划就能解读出相应内容。但在阅读长段文本时，这一系统仍然过于缓慢和烦琐。受巴比尔“夜间写作”系统启发，布莱叶努力想创造出一套更紧凑、更高效的触觉字母表。当年，是锥子使布莱叶失去了视力；如今，同样也是锥子的帮助，使布莱叶找到了一种方法：用2行 ×3行凸起的紧凑点阵创建代码，罗马字母表里的每个字母在这里都会有对应的独特圆点图案。布莱叶还设计了带有凹槽的石板和尖笔，以方便盲人在纸上书写。令人印象深刻的是，在布莱叶 15 岁的时候，这套后来以他的名字命名的盲人书写系统就已接近成形了。

布莱叶受聘在巴黎的这所盲人学校当老师，并继续发表有关自己书写系统的书籍，以及另一种由他设计的乐谱凸点代码。可惜的是，他一辈子都没看到布莱叶书写系统获得采纳，不管是在他教书的学校，还是在其他地方。由于当时的校董胡威患有近视，因此胡威一心想的是推广自己的触觉书写方法，这种方法也能让近视的人便于用眼阅读。

由于布莱叶的学生进行了大规模的抗议，因此在他 43 岁因肺结核去世两年后，布莱叶盲文书写系统最终在巴黎的这所盲人学校获得了采纳。这套系统很快就在使用法语的国家中传开了，即使它用了更长的时间才在其他地方扎了根，而美国更是要到 1916 年才正式采纳它。今天，布莱叶系统已经成为全球标准。世界各地都在使用不同的布莱叶盲文系统，包括使用非罗马字母语言的国家（如希腊语和俄语），以及使用象形而非字母语言的国家（如汉语），此外，还出现了布莱叶机械印刷品，甚至布莱叶计算机界面。

专业水平的布莱叶盲文读者的平均阅读速度大约是每分钟 120 个单词，速度最快者可以每分钟识别 200 个单词。[30] 这要求盲文读者具备极其快速的触摸信息处理能力：每个盲文字符必须在 1/20 秒（50 毫秒）内被识别出来。路易·布莱叶在设计这套书写系统的时候，并不知道帕奇尼小体、默克尔触盘或者感觉神经的特点。他只是借助自己的触觉体验，精心设置了点画的间距，即要分得足够开，好让每个点不至于跟相邻的点混淆；同时也要挨得足够紧凑，使得一个指尖就覆盖这 2 行 ×3 行的点阵。

指尖的 4 种机械性刺激感受器里，哪一种是负责识别布莱叶盲文字母的呢？为了回答这个问题，约翰·霍普金斯大学医学院的肯尼斯·约翰逊（Kenneth Johnson）和同事们在被试用指尖识别布莱叶字母时，对被试的每一条神经纤维都做了记录。之后，他们在网格里描绘了电活动情况，分别对 4 种不同类型的神经纤维所传输的信息构建了视觉图像（见图 2-5A）。这个奇妙的实验证明，**只有默克尔神经纤维能忠实再现盲文点画的图案**。迈斯纳神经纤维产生的是模糊图像，而深层感受器（帕奇尼小体和鲁菲尼末梢）更是未能对盲文点画图案编码。研究人员使用按比例缩小的胡威型凸起罗马字母重复这一实验，默克尔神经纤维也能将它们编码，而所得到的神经图像说明，胡威系统本身就比较模糊。仔细观察图 2-5B，你可以看出，神经在对某些字母作出反应时是很容易混淆的：C、G、O 和 Q 几乎相同；R 看起来像是 H；P 像是 F。事实上，当被试按要求说出指尖扫描的凸起罗马字母时，以上这些字母也被错认得最频繁。[31]

除了指尖，还能用哪里阅读

我喜欢在私下里跟人天南海北地闲聊，因为这时候人们往往会放下自己的职业束缚，虽然有时会觉得谈话主题傻乎乎的，但常常却又能切中实质性的要点。几年前，我跟一个并不从事科学研究的朋友 Q 聊起触觉，她提出了以下这个精彩的问题：如果你不仅是个失明的布莱叶盲文读者，而且你的指尖也没了，那么你能用其他敏感的皮肤部位，如生殖器来阅读吗？她说，毕竟生殖器对轻微的触摸都能产生强烈的感觉。我给她的答案是，从探测细微皮肤压痕的角度来说，生殖器（包括男性和女性的无毛及有毛部位）的确足够敏感，但它们无法辨别微妙的差异，这意味着它们对压在皮肤上的物体，既不能精确定位，也不能分辨出其纹理和形状。这些区域不擅长辨识细微的触摸，因为它们缺乏浅层触觉感受器，尤其是默克尔触盘。

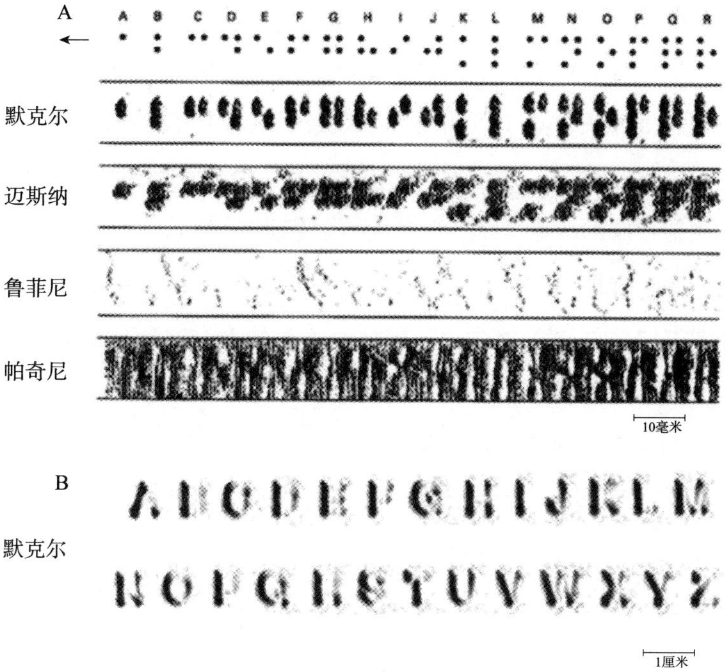

图 2-5　支配人类指尖对布莱叶和胡威型凸起罗马字母的神经轴突响应

注：(A) 本例中，指尖以每秒 60 毫米的速度扫描布莱叶字符，同时记录下不同类型神经纤维的电活动情况。当神经达到尖峰脉冲并画出一条直线时，就写一个点，并创建图像。然后把布莱叶图案垂直地移动 0.2 毫米，再次扫描，重复此过程，直到创建出光栅图。只有默克尔神经纤维的回应，忠实地再现了盲文字符。迈斯纳的反应模糊，而深层感受器帕奇尼和鲁菲尼，并不携带布莱叶点画的信息。

资料来源：Adapted from J. R. Phillips, R. S. Johansson, and K. O. Johnson, "Representation of braille characters in human nerve fibers," *Experimental Brain Research* 81 (1990): 589-92, with permission from Springer.

注：(B) 默克尔神经纤维虽然能对凸起的罗马字母进行部分解码，但其在识别时却很容易出错。

资料来源：From F. Vega-Bermudez, K. O. Johnson, and S. S. Hsiao, "Human tactile pattern recognition: active versus passive touch, velocity effects, and patterns of confusion," *Journal of Neurophysiology* 65 (1991): 531-46, with permission of the American Physiological Society.

Q 对我的解释心存怀疑，她恶作剧般地要我做实验设计，并决定自己研究一番。Q 找来尖部有些变钝的圆规、眼罩和顺从的帮手，即她的丈夫。丈夫的任务是反复将圆规的钝点（以间隔 1 ~ 20 毫米不等）轻轻地在 Q 的小阴唇上按压，同时记录下 Q 感知到的信息，即该刺激是一个钝点，还是两个不同的钝点。这是一种映射皮肤的标准技术，叫作两点辨别阈值测试。之后，两人角色互换，Q 对丈夫的阴茎重复同一过程。[32] 这场古怪实验的结果是：Q 小阴唇的两点辨别阈值大约是 7 毫米；至于她丈夫的阴茎，龟头的无毛皮肤是 5 毫米，轴体的有毛皮肤是 12 毫米。而指尖的典型辨别阈值为 1 毫米。两相对比，用生殖器部位阅读布莱叶盲文肯定是不行的。事实上，倒也不是说所有的性敏感地带都无法辨别空间细节。**嘴唇和舌头就分布着高密度的默克尔神经纤维，因此，它们的空间分辨率极佳，也可以用来读取布莱叶盲文。**[33]

皮肤电信号的“马拉松”

典型的神经元都有一个包含 DNA 的细胞核和其他细胞器的细胞体，此外还有两种不同的投射纤维，即树突和轴突。树突是分叉的信号接收结构，被动地将电信号从细胞体传导到轴突；轴突是神经元的信号发送部位。轴突的开始端有一个专门的区域，能够触发全有或全无的信号，即尖峰。这些尖峰可通过再生的方式进行长距离传导（类似顺着导火索移动的火焰，会不断地点燃导火索的下一段）。当尖峰到达轴突的末端时，它会通过一系列快速的生化步骤，触发并释放出一种化学神经递质，来填充微小的流体间隙，并激活相邻神经元树突里专门的神经递质受体。神经元之间的这种连接，称为突触。电信号在接收神经元里转换为化学信号后又再次转回为电信号的整个过程，叫作突触传递。

然而，把触摸信息从皮肤传递到脊髓的神经元，并没有这种典型的树突–细胞体–轴突的结构。相反，它们只有一条长长的、从皮肤的感应点直达脊髓的轴突。细胞体通过一个卷向一边的根桩附着在轴突上。许多感觉神经元的细胞体都聚拢在所谓的“背根神经节”结构里，该神经节就位于脊髓的外部（见图 2-6）。背根神经节有许多对（在身体两侧呈对称分布），每一对都跟脊椎中的一块椎骨相关联。[34]

一提到电子信号传输，我们想到的便会是笔记本电脑或 iPod 播放器里的脉冲，这种脉冲的运动时速约为 6.69 亿英里，只比光速慢一点。神经系统里的电尖峰传输则是一个缓慢得多的过程。携带皮肤的机械性刺激感受器信息的轴突，能以每小时约 150 英里（每秒 70 米）的速度传递尖峰。虽然这些已是神经系统里速度较快的轴突，但其时速还是只有电子设备里信号传递时速的 1/400 万。

你可以想象一个躺着的巨人，头在巴尔的摩，脚却晃荡在南非开普敦的水域里。如果星期一中午，一堆海藻冲到她巨大的脚趾上，激活了她皮肤的机械性刺激感受器，那么直到星期三下午 3 点左右，信号才能传到她大脑的新皮层，她也才会对此有所感觉，而且要到星期天早晨，她才能抽抽脚丫作出响应。[35]

暂且先不说这个巨人，这其中的关键在于：始于皮肤的电信号传递到大脑（大脑是感知信号的地方）是要花时间的，而**信号从远离大脑的身体部位（如脚趾）传输，要比从较近的部位（如脸部）传输花更多的时间**。

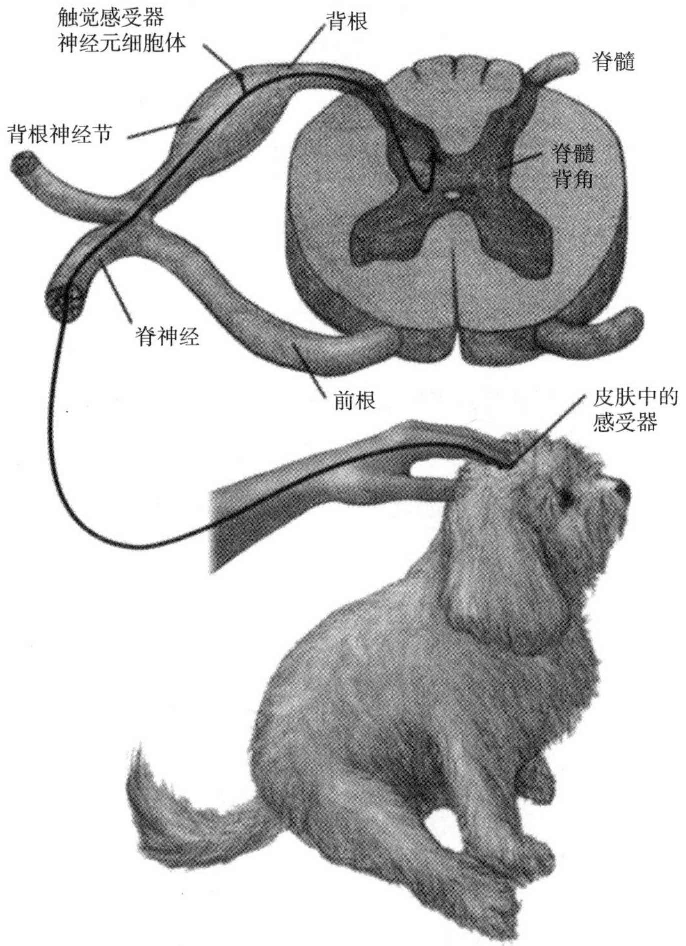

图 2-6 从皮肤到脊髓的触摸信息传递路径

注：皮肤感受器里的电信号传递到脊髓后，会再从脊髓向上顺着神经元的轴突（细胞体在背根神经节里）传到大脑。

资料来源：©2013 Joan M. K. Tycko.

20 世纪初，一些欧洲人和美国人，其中主要是女性，会去找医生说自己失去了身体特定部位的触感，只留有一种奇怪的、模糊的刺痛。对于这些症状有神经学上的解释吗？我们知道，指向脊髓和大脑的神经会传递触觉信号，所以，是否有可能是因为有什么干扰了特定感官神经的功能（如拧捏或感染），而正是这种扰乱导致了局部麻痹呢？

图 2-7 是一幅人体图，绘制出了每一对背根神经节（一个在左边，一个在右边）所控制的皮肤区域。例如，你可以看到，第四胸椎的背根神经节输送的是自乳头一线环绕身体的皮肤感觉，而脊柱靠下的第一骶神经节，支配的是小腿、踝关节和脚外侧的竖条皮肤感觉。由一对背根神经节所支配的皮肤区域，叫作“皮节”（dermatome）。

如果感觉神经或者背根神经节创伤是上述刺痛症状的病因，那么报告的麻木区域应该跟皮节（或者两个相邻皮节）的形状相吻合。然而，当医生系统地探测皮肤，并测绘出丧失皮肤感觉的区域时，呈现出的却是一个不同的故事。

报告最常麻木的区域并不对应皮节的形状，而是与当时各种不同类型的内衣（如紧身胸衣、内裤、灯笼裤、吊袜带、丝袜等）的形状相符。这令当时的许多医生（包括弗洛伊德）得出结论，认为这些麻木症状并不是因为感觉神经受损，而是一种源自大脑的内衣形麻木感，是心理和社会因素共同作用的结果。如今，医学上已经很少再听到类似的报告了，更别说丁字裤形麻木感了。

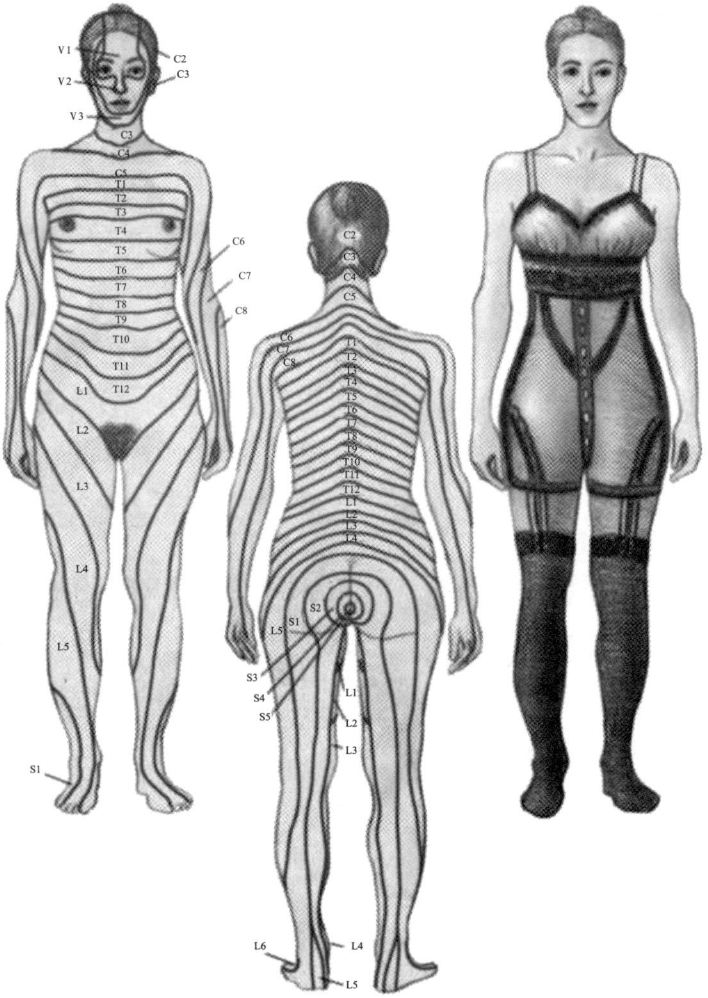

图 2-7　脊柱神经纤维及三叉神经支配的皮肤区域图

注：上图（左和中）表明，这些皮节跟 20 世纪初大量女性患者报告的内衣状麻木区域并无对应。字母 S、L、T 和 C 对应的是椎骨群，自脊椎从下往上分别是骶骨（sacral）、腰椎（lumbar）、胸椎（thoracic）和颈椎（cervical）。V 表示三叉神经，它源于脑干。由于三叉神经是第五颅神经，因此它用罗马数字里的“V”来代表。

资料来源：©2013 Joan M. K. Tycko.

不断受触摸信息影响的大脑

当想到神经元时，我们总觉得它们和其他细胞一样，都极其微小。从一定意义上来说，的确如此。背根神经节中感觉神经元的细胞体，其直径约为0.01 ~ 0.05 毫米。而这些细胞体里最大的，也大约只和人类针毛的直径差不多。不过，某些传递触摸信号的感觉神经元长度却很惊人。让我们想象支配脚后跟的机械性刺激感受神经元的轴突。它从脚后跟顺着腿部向上进入骨盆，通过背根神经节从第一骶脊神经进入脊髓；接着，它会继续顺着脊髓一路向上，最终在脑干上一个叫作“薄束核”的区域终止，并形成突触。普通成年人的这类神经元有 5 英尺 ① 长，是的，长颈鹿身上的更长。这类神经元是身体所有类型细胞里最长的。

不过，薄束核并不是细微触摸信号的终点，它只是沿途的第一站。薄束核神经元的轴突会继续上升，交叉到达大脑的另一侧，并把它们的电信号传递到丘脑区域的另一个处理站，而后者反过来又会把自己的轴突传送到大脑皮层，皮层构成了大脑整个表面的巨大外皮。[36] 来自丘脑的轴突终止的区域，叫作初级体感皮层（称它为“初级”，是因为它是皮层里第一个接收触摸信息的区域）。这一区域位于中央沟（将大脑分为前部和后部的主要裂缝）正下方的条状部位。由于携带触摸信息的轴突在到达皮层之前，已经交叉越过了身体的中线，因而皮层右侧响应的是身体左侧的感觉信息，反之亦然。[37]

为什么手和嘴唇会对触觉更敏感

20 世纪 30 年代末，蒙特利尔神经学研究所的怀尔德·彭菲尔德（Wilder Penfield）、赫伯特·贾斯帕（Herbert Jasper）和同事们开始在手术中，用电极局

① 1 英尺约为 30.48 厘米。——编者注

部刺激癫痫患者的大脑。他们这样做是为了精确识别触发患者癫痫发作的大脑区域，即所谓的癫痫病灶，以便在摘除病灶的时候，将对相邻的健康组织造成的损害降到最低。由于大脑里没有癫痫发作的固定对应区域，故此必须为每一位病人都单独映射癫痫病灶。

手术时，患者的头部毛发被剃光，头部被固定住，医生切开并翻开其头皮，然后用一把微型锯在颅骨上切出一个直径约有网球大小的圆形口盖，手术时可将口盖拿掉并放到一边，等结束时再将之放回并复位。由于脑组织没有任何疼痛或机械性刺激感受器，因此这一过程可以在局部麻醉的情况下进行，即只麻痹患者头皮、颅骨，以及包裹大脑的细胞膜，同时患者也可以完全保持清醒。彭菲尔德挥舞着一把跟电动牙刷差不多模样的手持刺激电极，电极的工作端装有一根金属针，末端附有导线，与能提供微弱电击的供电设备相连，这样，就能用电极尖人为地激活所碰触的神经元。

彭菲尔德有条不紊地在大脑露出的表面上移动电极，每当移至一个新位置，他都会询问患者："你现在有什么感觉？"患者可能会回答："我觉得左手腕有刺痛感。"可能会说："我闻到了烧焦面包的气味。"或者："我听到了小时候听过的一段音乐。"如果刺激仅限于中央沟的前部，那么则会引起患者做一些简单的动作，如一只脚猛抽、一只拳头握起，或者舌头伸出。

对初级体感皮层的刺激，会让身体相对一侧的不同位置产生酸麻或刺痛感。患者报告说，这些单纯从大脑诱发的感觉，跟自然的碰触感觉很不一样，而且也绝对不会被误认为是正常的感官体验。它们就像对触摸体验的粗糙模仿，缺乏必要的丰富性或背景信息。彭菲尔德让助理用笔记本记下患者的每一个动作和反馈，并编号。施加刺激之后，彭菲尔德会插入一根带着极小号码旗的针，从而把刺激点跟患者的反应相匹配。因此，不到一会儿，大脑的表面看起来就像是怪异的迷你高尔夫球场，只不过，危险区域不再是风车和斜坡，而是皮层上的沟沟脊脊。[38]

在对号码旗拍照，并对整个初级体感皮层的反应都做了分析之后，美妙的图案显现出来了：**初级体感皮层对整个身体表面都有映射**。当来自皮肤的触摸信号传入脑干，再往下传递至丘脑和皮层时，它们可不是乱作一团的。相反，支配相邻皮肤的轴突仍然是彼此靠近的（只有部分明显例外），邻里关系会一路保存到皮层，直至最终形成触摸的脑图。[39]

然而，皮层触觉脑图对身体的还原有点奇怪（见图 2-8 左中），它的构成部位是切碎重组的，如前额跟拇指邻接，男女的阴部都跟脚趾相邻，等等。此外，身体的某些部位在脑图里还被放得特别大：手、嘴唇和舌头都极大；脚只略微有些大；而腿、背、躯干及阴部都相对较小。当然，这种配置结构也很清楚：只要是机械性刺激感受器（尤其是用于区别细微碰触的默克尔触盘）高度密集的皮肤部位，在皮层脑图里的对应区域就会被放大。

特定皮肤区域的触觉脑图被放大，这是具备超级灵敏的手指和嘴唇的灵长类动物所特有的吗？为了回答这个问题，我们可以观察用其他结构来施展灵敏触觉的动物。最典型的例子之一是半水栖的北美哺乳动物星鼻鼹（见图 2-8 右上）。这是一种近乎全盲的小动物，体形是耗子的 2 倍大；前爪强壮有力，它们不仅能在溪流和池塘边挖地道，还可以在这些地方游泳。对于星鼻鼹，人们的感觉很极端：有人（比如我）觉得它们很可爱，但也有人觉得它们的样子太令人恶心了。[40]

这种动物的鼻子周围长着一圈肉质附肢，或者也可以叫作“触手”（rays），共 11 对。每一条触手都有专门的默克尔触盘集群，再加上帕奇尼小体和游离神经末梢，共同构成了星鼻鼹极其敏感（几乎可以算是哺乳动物之最）的触觉器官。星鼻鼹的触手始终在动，每秒钟会探索 10 ~ 15 个位置。一旦触手接触到了蠕虫、蜗牛、小鱼等猎物，星鼻鼹便会立刻将其吞掉。这一过程的持续时间仅为 120 毫秒左右。不足为奇，星鼻鼹初级体感皮层的触觉脑图中可以看到，触手被极度放大，因而牺牲了躯干、尾巴和后爪的位置（见图 2-8 右中和右下）。这样的设计原则也适用于其他许多物种，即机械性刺激感受器高度密集的皮肤区域，会在大脑的初级触摸映射图里被放大。[41]

如果挖掘得再深入一些，你会发现，皮层相邻区域其实还有一系列的触觉脑图。灵长类动物的初级体感皮层可以分为 4 个不同的更小区域，每一小区内都各自有一套古怪的失真映射图。除了直接从丘脑接收信息，这 4 个区域彼此之间高度关联。它们会将信息发送到统称为高级体感皮层的另一块相邻区域，高级体感皮层跟丘脑没有直接的接触。这样，在灵长类动物大脑的体感皮层里，你总共可以找到 10 幅不同的躯体映射图，初级皮层里有 4 幅，高级皮层里有 6 幅，说不定未来还将揭示更多。

那么，在这些相互关联的大脑映射图里，神迹是在什么地方发生的呢？我们丰富的、细致入微且深刻的触觉，到底是如何从这个古怪、离奇，还会思考的“肉坨系统”里产生的呢？

我们之所以能有意识地察觉到皮肤上特定位置的触感，是因为皮层里有一组特定神经元被激活了。这种激活可以是因为皮肤的刺激而自然发生，也可以通过直接刺激大脑而人为促成（如彭菲尔德的手术）。但这只是真相的一小部分。事实上，针对大脑如何创造我们的触觉体验，还有许多问题尚待解决。这里，我不打算针对皮层里的不同触觉处理细胞和皮层内部及之间的复杂联系展开讨论，但有几点基本原则，我认为读者们有必要了解。

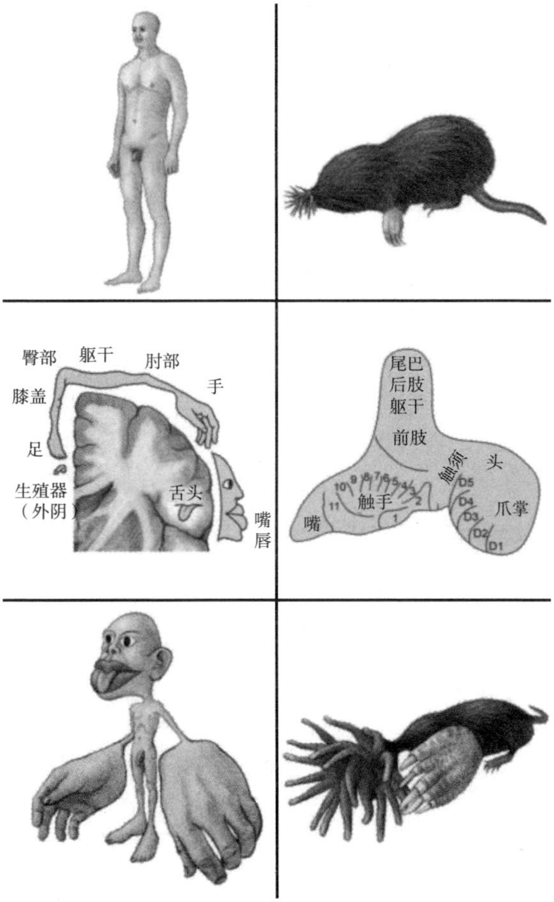

图 2-8　人类和星鼻鼹初级体感皮层里的触摸脑图

注：左上是一名成年人；左中是人类体感皮层的触摸脑图；左下是按大脑触觉映射图的比例再现的身体各器官。注意巨大的手、嘴唇和舌头。右上是一只成年星鼻鼹；右中是星鼻鼹初级体感皮层的触觉脑图；右下是按大脑触觉映射图的比例再现的星鼻鼹身体各器官。注意触手和前爪的放大。

资料来源：Illustration by Joan M. K. Tycko；左上和左中出自：David J. Linden, *The Accidental Mind: How Brain Evolution Has Given Us Love, Memory, Dreams and God* (Cambridge, MA: Harvard/Belknap Press, 2007), 85, with permission of the publisher。

大脑重现触觉世界的目的

信息从皮肤汇聚到大脑。初级体感皮层里的每一个神经元，最终都要接收汇聚到一起的输入信息，这些信息来自支配皮肤相邻区域的多条神经纤维。例如，一条贯穿手臂的神经纤维，可以把默克尔触盘的信息从指间传送到脊髓。这条神经纤维只响应指间一小点皮肤（直径约为 1 毫米）的刺激。[42] 但由于信号的汇聚，初级体感皮层中手指映射图里受默克尔触盘驱动的神经元，有可能会响应更大区域（直径约 5 毫米）的刺激。重要的是，这种汇聚信号的传递并不是随机的，因此其并不仅限于降低触摸信息的分辨率。相反，通过将一组特定的、受默克尔触盘驱动的神经纤维连接到同一个皮层神经元，我们就能让皮层神经元对特定触摸信息编码，比如对一个以特定的方向搁在指尖垫上的细棍作出响应。在神经分布相对稀疏的区域，汇聚信号的传递更有特点：触觉映射图里代表背部区域的一个神经元，能被 50 平方厘米（约为一张扑克牌大小）范围内的皮肤刺激激活。

在初级体感皮层中，汇聚信息只是进行了最低限度的混合。来自 4 种机械性刺激感受器的信号还是基本上（但不是完全）保持着分离。一些柱状神经元集群会优先对默克尔触盘作出响应，而另一些神经元则会优先响应迈斯纳小体，还有一些神经元会优先响应帕奇尼小体。举例来说，一列单独的皮层组织（直径约为 0.6 毫米）接收的是来自左脚大脚趾垫迈斯纳小体的信号，而另一列皮层组织接收的则是臀部右下侧默克尔触盘的信号。[43]

大脑的串行处理可以提炼出愈加复杂的触摸信息。观察皮层中触觉处理区域的框图（见图 2-9），乍看起来，它杂乱无章，像一碗意大利面。可进一步观察，一些主题便会逐渐显现出来。构成初级体感皮层的 4 个区域，全都会接收直接出自丘脑的轴突，但 3b 区接收的轴突份额最大。与此相反，2 区只接收少许直接出自丘脑的信息，但它也能为新皮层里其他 3 个初级区域（3a 区、3b 区和 1 区）所激活。

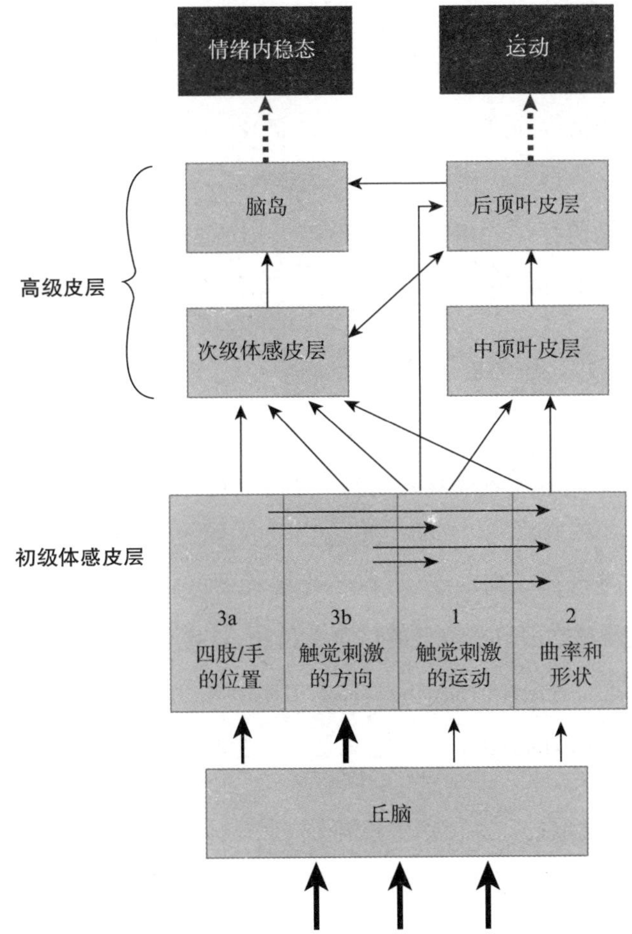

图 2-9 大脑触觉处理区域的简化接线图

注：初级体感皮层直接从丘脑接收信息，主要执行串行处理，提取不同的触觉特点，并将信息传递到高级体感皮层。次级体感皮层是识别物体的关键，它会将识别得到的信息传递到大脑负责情绪、体内平衡（脑岛）和早期运动规划（后顶叶）的区域。

资料来源：Adapted with permission of Professor Steven Hsiao (John Hopkins University School of Medicine).

如果刺激皮肤，并记录3b区神经元的激活情况，那么我们会发现，激活这些神经元的方法其实很简单，比如，以特定角度在指尖放一根细棍。然而，同一种简单的刺激却只能微弱地激活2区的神经元，后者只对更复杂的、二维或三维结构的刺激反应强烈，如手中握着的棒球。如果实验室动物的3b区受损，那么后果会非常严重：该动物会出现“触感失觉”，即几乎完全感受不到触摸，不知道触觉刺激的存在。相比之下，2区受损造成的后果则更为微妙：动物虽然仍能检测到物体的纹理，但却丧失了通过触摸辨识物体的能力。

大脑触摸处理区域的接线图让我们得以更好地理解以上这些发现。3b区接收的是经最低限度处理过的基本触摸信息。从传送机械性刺激感受器信号的轴突在此区域的简单汇聚可以看出，3b区神经元可以响应简单的刺激。由于3b区是触摸信息的瓶颈路段，因此它的受损是毁灭性的，会让大脑下游的大部分关键数据处理站点都受到牵连。2区不光接收来自丘脑的直接信号，还会接收其他反映初级触觉区域执行情况的信息。因此，2区可提取更复杂的触摸刺激特点，如物体的运动、物体的曲率和物体的三维形式。若2区受到破坏，那么这将对触觉造成更加微妙的影响，因为它只是信息进入高级区域的若干通路之一。

随着触摸信息流进一步传到次级体感皮层，串行处理也将继续复杂化。次级体感皮层的神经元会对更大区域的信号进行整合，包括身体左右两侧的区域（如整只手或脚）。次级体感皮层在物体识别（尤其是通过探索性触摸来识别）中扮演着重要的角色。如果大脑的这一部分发生病变，那么会制造出微妙的障碍，比如丧失用一只手学习识别复杂物体的能力，但另一只手却可以执行该任务。[44]

串行复杂性似乎是大脑感官部位的一个共同特点。以视觉系统为例，其往往会从最初级的特征（如斑点、横条等）开始，一路构建起对复杂视觉物体（如面孔）的识别能力。

为便于行动，并行处理将复杂的触摸信息分离成了不同的信息流。**归根结底，在大脑里再现触觉世界，是为了达到某个具体的目的，如做出决策、构建记忆、发起行动。**经过大量处理的信息流在进入高级体感皮层后，又会分离成两股携带不同数据的信息流。其中一股信息流通过脑岛区域，为情绪反应、体内平衡和其他一些功能提供信息。按照我们现有的理解，脑岛对自我的感知意识至关重要。另一股信息流则会到达后顶叶皮层区域，这一区域的主要任务是将触觉数据和其他感官信息进行整合，以便计划、执行、微调动作（包括操纵物体）等。[45]

初级体感皮层主要是对触摸信息作出可靠且模式化的反应，而大脑的高级触觉中心则会受到关注度、背景、动机和期待等认知因素的强烈影响。我们将在后面的章节对此作出讨论。

生活体验会持续改变我们的大脑

我已经探讨了人类大脑触摸映射图的扭曲性质，即皮肤中触觉感受器密集分布的区域，如指尖、嘴唇和脚等，在脑图中会被放得更大，但这里还涉及另一重要因素：**在人的一生中，触摸脑图并不是固定不变的，其会随着人感官体验的变化而不断变化。**

这方面，每周至少练习 12 小时的专业（或半专业）小提琴、中提琴和大提琴手就是一个很好的例子。要弹奏这些乐器，提琴手的左手手指需要连续拨动琴弦，以产生颤音效果。这一任务既涉及触觉刺激的增强，又需要灵巧精湛的手指运动。由于右手用于拉弓，因此相应地，其手指运动和触觉反馈都较少。扫描这些弦乐手的大脑，衡量其初级体感皮层里手的映射情况后，人们发现，他们左手手指的触摸映射图明显要比右手手指的大差不多 1.8 倍，而同龄的非乐手对照组的左右手触摸映射图则差不多大。共有 3 个分别使用不同方法的实验做过类似的研究，最终都得出了与上述基本相同的结果，故此，上述现象似乎是普遍成立的。[46]

对此现象最简单的解释是，长年的演奏练习，使提琴手左手区域在触摸映射图里被放大。还有人提出，若在孩童一生下来或是生命初期就培养他们使用左手的习惯，令他们大脑中左手的映射区域放大，那么孩童在今后选择练习弦乐的可能性就会更大，同时也更可能取得成功。一如孩子们往往容易被自己具有天赋的体育运动所吸引，当他们在选择乐器时，或许也会部分基于对自己内在感官运动能力的觉察。

为了检验这两种解释，你需要测量人在练习乐器之前的双手触摸映射图。当然，成为一个成就斐然的弦乐手要花很长时间，故此，开展这种事前—事后类型的研究很困难。有没有能迅速改变触摸映射图的触觉体验呢？如果跳出人类范畴，那么首次生育的母鼠对幼鼠的照料就是一个效果很显著的例子。实验用的挪威大鼠一般一窝能产下 8 到 12 只幼崽。产后的最初几天，它们会依靠自己的 12 只乳头（分布在下侧腹表面，排成两行），把 80% 的时间都用来照料幼崽；当产后 10 到 19 天对大鼠进行测量时发现，哺乳期母鼠腹部的初级触摸映射，要比对照组的大 1.6 倍（对照组的大鼠既有年龄相当的童贞雌鼠，也有产下头胎后幼崽被立刻抱走，故此并未进行哺乳的母鼠）；幼崽断奶后 15 到 30 天，哺乳期母鼠的腹部触摸映射图便恢复到了孕前大小。这些发现表明，感官体验的增强，的确可以导致触摸映射图的变化。而这些变化，有可能出现在几天的时间内，至少有些情况下是这样，当然也有些变化需要数年的时间。[47]

一如歌手汤姆·威茨（Tom Waits）所唱："大号的字是答应给你的，小号的字是准备暗中用来抢你的。”①触摸映射图建立在经验上的可塑性是双向的：增强触觉刺激能让映射图扩大，减少触觉刺激同样也会使映射图缩小。把成年大鼠装在一个微型模具里并固定一只前爪，仅仅 7 天之后，其初级触摸映射图里被固定的前爪区域就萎缩了大约 50%；而另一只未被固定的前爪的映射图则完全没有改变。又过了 7 天，主持这一研究的人去掉了模具，再次检查大鼠的触摸映射图，被固定前爪的触摸映射图仍然呈萎缩状态。很有可能，再过一段时间，对应区域的映射图会慢慢恢复至正常大小，但校验这一观点的实验尚未完成。[48]

我们所有人，在整个成年阶段，其实都参与了一场缓慢的触觉剥夺实验。从 20 岁到 80 岁，默克尔触盘和迈斯纳小体的密度，会逐渐递减到不足最初的 1/3（见图 2-10），同时，精细空间敏锐度也会有大体同等程度的衰落。这是否意味着，老年人细微触感的衰退，完全是由于皮肤的浅层机械性刺激感受器减少所导致的？恐怕不是。原因之一是，空间敏锐度的降低，在身体表面表现得并不均匀：指尖的灵敏度会降低到原来的 2/5，但脚底和脚趾的灵敏度却会降低到原来的 1/4。[49] 有人认为，导致衰减程度分布不匀的原因是，尖峰传播速度也会随着身体的衰老而减缓，这使得信号在神经纤维中从默克尔触盘和迈斯纳小体传递到大脑的速度，会从时速 150 英里降到时速 110 英里。神经冲动的放慢，也会令脚趾这类遥远区域的触摸信息比手或嘴唇等较近区域的触摸信息有着更大程度的衰减。脚掌和脚趾的触感受损是引发老年人站立和行走稳定性变差的重要因素，而老年人一旦摔跤，后果往往十分严重。

当然，在我们变老的过程中，大脑也不会白白闲坐着。大脑本身具有的、受经验驱动的神经可塑性虽然也会随着衰老而减退，但却不会永远消失。生活

① 原文为：“The large print giveth and the small print taketh away.”按一般的解释，这是威茨在嘲讽印刷广告宣传的伎俩，即用突出的文字吹嘘能给消费者带去哪些好处，但同时也会在不起眼的地方，用极小的字号印上免责条款，或者是给消费者设下陷阱。——译者注

体验绝不会停止改变我们的大脑。目前，我们尚未理解的是，对于机械性刺激感受器密度的逐渐降低，初级和高级体感皮层是如何作出改变并适应的。我们不应该假设，既然存在与衰老挂钩的神经可塑性变化，那么它就一定是有利的。当对变化的触摸信息作出反应时，皮层可塑性或许会让问题变得更糟糕：神经回路中不正确的重新接线，哪怕再细微，也可能会进一步降低触觉的敏锐度。

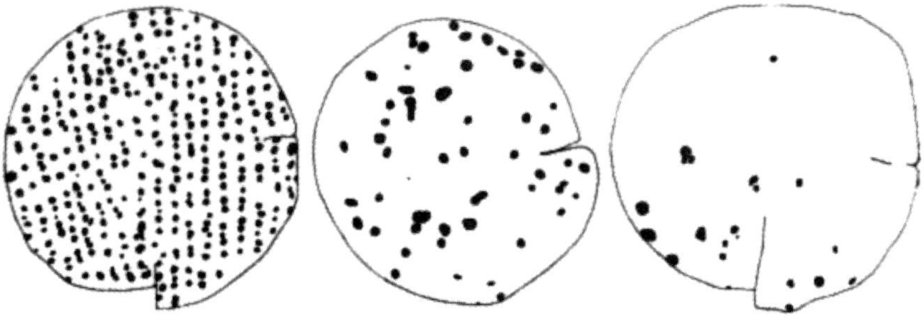

图 2-10 迈斯纳小体密度与年龄增长

注：大脚趾底面无毛皮肤迈斯纳小体的密度，会随着年龄的增长而降低。上图是根据对直径 3 毫米的皮肤打孔器取下的活组织进行检查后绘制而成。在这些样品中，随着年龄的增长，迈斯纳小体的密度从每平方毫米 47 个降到 7 个，之后又降到 3 个。

资料来源：From C. F. Bolton, R. K. Winkelmann, and P. J. Dyck, "A quantitative study of Meissner's corpuscles in man," *Neurology* 16 (1966): 1-9, with permission of Wolters Kluwer Health.

指尖大小，决定了你的触摸分辨率

啊，女人温柔的触摸，那么轻，那么柔，比男人笨手笨脚的抚摸好太多了。是因为女人的指尖对细微的触觉形式更加敏感吗？两家不同的实验室经研究发现，情况的确如此。实验中，成年被试要用静止不动的指尖去分辨带有沟槽的表面。对此，女性的表现要明显好于男性：平均而言，女性能分辨出间隔小于 0.2 毫米的沟槽。[50]

是因为女性指尖的皮肤更柔软，从而能更轻松地下凹吗？并非如此。带凹槽的表面令女性指尖皮肤产生的形变程度，跟男性的其实是一样的。那么，是因为男女的体感脑回路或对任务的聚焦能力存在着某种程度的差异吗？也许是，但目前还没有找到能支持或反驳这一假设的证据。

加拿大安大略省麦克马斯特大学的丹尼尔·戈德里克（Daniel Goldreich）和同事们作出了一个更简单的假设：女性的触觉分辨能力之所以更好，也许是因为她们的手指更小。如果数量相同的默克尔触盘（有助于最细微的辨别性触摸）均匀分布在大小不同的指尖上，那么，指尖越小，感受器密度就会越大，进而敏锐度也就会越高，这就好比你手机摄像头的分辨率不再是 500 万像素，而是升级到了 1 000 万像素。

为了检验这一假设，戈德里克与同事们招募了 100 名大学生（男女生各 50 人），并让他们完成分辨沟槽表面的任务，以测量其触觉敏锐度；研究人员还仔细测量了每名被试在任务中要用到的食指指垫的面积。研究人员再次确认了之前的结论，即女性的触觉敏锐度平均比男性的要精细约 0.2 毫米。研究人员又绘制了触觉敏锐度与指尖面积的散布图，发现指尖面积能准确预测出对细节的触摸分辨率，无论男女都成立。换句话说，如果指尖大小相同，男女的触觉敏锐度大体也会相同（见图 2-11）。

不做痛苦的皮肤活检，是没有办法直接测量指尖默克尔触盘密度的，但人们也在无毛皮肤的汗腺孔底部发现了聚集的默克尔触盘。汗腺孔的密度，是可以通过让指尖擦拭水溶性涂料并在标准的光学扫描器下按压来测量的，故此，汗腺孔密度可以作为默克尔触盘密度的替代指标。较小手指上的汗腺孔密度的确明显更大。

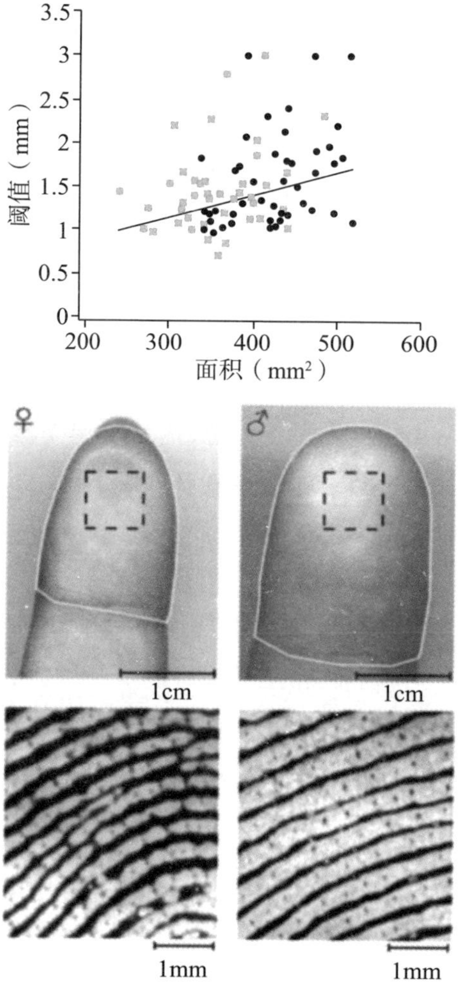

图 2-11 根据男女指尖面积所预测的触觉敏锐度

注：根据将指尖面积与触觉敏锐度关联的散点图可知，指尖越小，分辨率越高。图中的每一个点，都代表一名被试。方形点代表女性，圆形点代表男性。下方关于女性小指尖（左）和男性大指尖（右）的高分辨率扫描图显示了汗腺孔的密度，据此可推测，默克尔触盘在较小的指尖上密度更大。

资料来源：R. M. Peters, E. Hackeman, and D. Goldreich, "Diminutive digits discern delicate details: fingertip size and the sex difference in tactile spatial acuity," *Journal of Neuroscience* 29 (2009): 15756-61, with permission of the Society for Neuroscience.

戈德里克和同事们得出结论：手指大小能预测触觉敏锐度；触觉敏锐度是由指尖上默克尔触盘的密度所决定的，与性别无关。[51] 这一过分简洁又简单的解释又产生了各种各样的问题：其他机械性刺激感受器在大小不同的其他身体部位的情形又是怎样的呢？每条腿、每只乳房、每根阴茎的机械性刺激感受器是否也有着固定的数量呢？[52]

现在，你已经理解了基本的概念。

皮肤里有着不同的感受器，每一种感受器都针对触觉信息的不同方面。这些来自单个触觉感受器的简单信息被传送到大脑，通过一系列串行和并行通路，得到汇聚合并，进而提取出更为复杂的触摸特点，如物体的三维形状、精细纹理，工具末端的远程感受，等等。

但千万别以为我们截至目前所探讨的感受器（无毛皮肤的快速机械性触觉感受器）就是事情的全部了。你将会看到，它们只是完整触摸体验的一部分。

TOUCH

The Science of Hand, Heart, and Mind

03 爱抚缘何令人愉悦

你喜欢被人抚摸的感觉吗?

皮肤中的两套独立的触摸系统,

决定了你能否分清微妙的触觉体验,并感受到被爱抚的愉悦。

巴尔的摩，1996 年。

陪审室里又热又闷。空气里飘浮着细小的灰尘，水暖管道滴滴答答，我也浑身冒汗。陪审员们身上的古龙水、胳肢窝气和衣服上挥之不去的烟味，混杂在一起，构成了腐臭气味的大杂烩。庭审被神秘叫停，我们已经等了好几个小时。我翻完了杂志，琢磨着到目前为止的证词。证词里描述的故事，引出了触觉神经生物学上一个最为古老的问题：糟糕的手淫，到底是怎么一回事？

生活在巴尔的摩最有趣的经历，莫过于为本市巡回法院履行陪审义务了，这是一种经常出现的情况。每年，我都会收到一封可怕的、来自政府的绿色信封；每年，我也都会做好在法院里度过无聊一天的准备（通常只有一天）。虽然我很少能通过陪审员遴选，但有一回我却“中奖”了。案件的被告是个 19 岁的、肌肉发达的矮个子守夜人。他决定为自己辩护，因为这样既省钱，又能避免请律师会带来的一连串麻烦事。他不知道自己能够在准陪审员里挑挑选选，所以，我就成了 4 号陪审员。

公诉人阐述了案件的基本情况。被告漂亮而轻佻的16岁女友，满身淤青、又渴又饿地出现在急诊室。她本来不愿说出自己的遭遇，但内情最终还是曝光了。一天下午，她和她的男友，即被告，躺在被告家里的床上消磨时间。被告让女友用手刺激他，女友忠实照做了，但被告却抱怨女友做得不对，此时女友试图调整手法，并说了些脏话调情。可这些还远远不够。被告解释说："她的撩拨不是太快就是太慢。"被告很快便怒火中烧，之后更是完全失去了控制，反复击打女友的脸和胸部。接着，被告把女友铐在床架上，关了她两天，期间还多次强奸她。女友的证词与体检结果相吻合，但她很关心审判结果，因为她仍然爱着被告。

当轮到被告辩护时，他将一台电视机和录像机推进了法庭，并放入了一盒录像带。录像里是案发几星期后的一场家庭聚会。青少年们喝着啤酒，抽着大麻，背景音是刺耳的说唱乐。摄像机很快捕捉到了被告的女友，她显然有点醉了，话语含混不清，腿脚也摇摇晃晃的。她的眼睛明亮、湿润，但其中也透着涣散与茫然。

这时，被告问："那么，那天晚上，我并没有打你，对不对？"

"我玩得挺开心的！"她认同地回答道。

"我的意思是说，"被告接着问，"我从来没有捆绑过你，或者攻击过你，对吧？"

"你在说什么？"她反驳道。

"你不是说我强奸了你吗？那是在说谎，不是吗？"

"管他呢，"她说，"把那件事放下吧，和我们一起玩吧。"

等判决下来后，被告惊呆了，他不相信录像居然没发挥作用。我们，也就是陪审员们，裁定对他的所有罪名指控都成立，即强奸、殴打和非法拘禁。宣判之前，被告向法庭陈词，努力做出悔恨的样子，可惜不太成功：“我为自己做的事情深感抱歉。我脾气不好，我承认，可是请相信我，她那次手活儿做得真的很糟糕。”

专门针对人际触摸的爱抚感受器

现在，让我们用昆汀·塔伦蒂诺的复仇狂想曲风格，来想象一下这位被告的女友。她带着新获得的力量，燃烧着正义的激情，把殴打、强奸自己的人拖到了法院后面的小巷里，强迫他接受痛苦的腓肠神经活检。这条神经贯穿小腿肌肉的后侧，支配着脚的外边缘。切下神经，带着切片用显微镜观察，我们会看到若干不同感官神经轴突的剖面，它们全都混合在一起（见图 3-1）。[1] 直径大的轴突，叫 A 类纤维，它们被包裹在绝缘的髓鞘蛋白层里，分为若干功能不同的亚群能加速神经信号的传输。A 类纤维中的一种叫 A- α 的纤维，承载由肌肉、关节和肌腱中特殊感受器传来的非常快速的信息。这些信号能让你对肢体所处的空间形成一幅心理图像。这种能力，也就是所谓的本体感觉，哪怕你闭着眼睛，不碰触任何东西，它也能让你感觉到自己胳膊的位置和运动。另一种 A 类纤维叫作 A- β 纤维，传递来自皮肤机械性刺激感受器（即我们在第 2 章提到的默克尔触盘、迈斯纳小体、鲁菲尼末梢和帕奇尼小体）的快速信号，用于分辨细微的触觉差异；此外它还传递来自毛发偏转的快速信号。第三种 A 类纤维叫 A- δ 纤维，其直径较小，也较少被髓鞘蛋白包裹，所以可用于传导中速信号。一些 A- δ 纤维专门负责承载痛感和温度感的某些方面，如锐利、刺痛和伤害性冷热，这部分内容我们稍后再说。

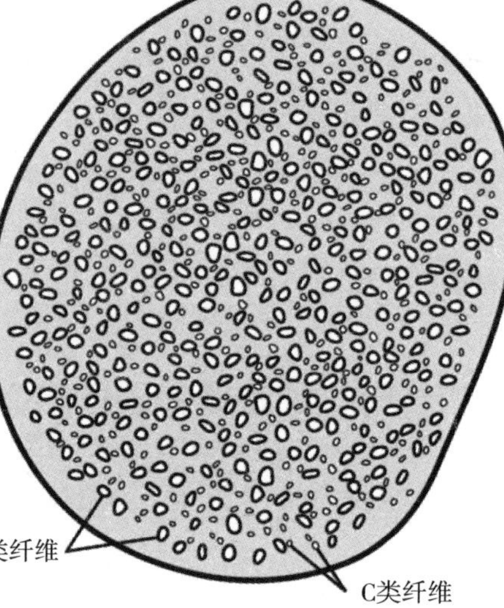

图 3-1 腓肠神经剖面

注：正常的人体神经由有髓大 A 类纤维和无髓小 C 类纤维混合组成。这是腓肠神经的一束，它通常包含几个神经束，这些神经束像电缆中的纤维那样并在一起运行。

腓肠神经中还包含大量直径较短且没有绝缘髓鞘的轴突，称为 C 类纤维。由于自身结构特点，C 类纤维的电信号以每小时约 2 英里的速度传递，这相当于我们悠闲散步时的速度。与之相比，皮肤机械性刺激感受器的信息通过 A-β 类纤维以每小时 150 英里的速度传输，本体感受信号沿着 A-α 类纤维以每小时约 250 英里的速度飞奔。[2] 这些不同纤维的传导速度也限制了它们能够承载的信息类型。由于有关物体形状、质地、振动以及对工具的远距离感受的信号，具有快速变化和精细的特点，因此必须依靠快速纤维传递此类信号。这些经机械性刺激感受器编码的细微触觉信息，令我们能够分辨那些存在微妙区别的触觉体验。例如，若用速度慢的 C 类纤维传递布莱叶盲文包含的信息，那就无法解读，因此这一任务必须由快速的 A 类纤维来完成。

与此相反，C 类纤维不是用来向大脑中那些包含具有区别性的、能反映客观事实的触觉感受的部分提供信息而设计的，它的功能是缓慢地整合信息，并识别出特定的触摸所蕴含的情感基调，如果你愿意的话，将其说成是氛围亦可。多年来，人们认为 C 类纤维仅承载有关疼痛、温度和炎症的信息，并且有关炎症的信息也不是疼痛中那些剧烈、刺痛和能够清楚定位的部分，而是那些缓慢、灼热、抽痛和酸楚的部分，后者造成的情绪负担更重。然而近年来，人们又发现，C 类纤维传递的是一种特殊的触觉信息，这种信息似乎是专门针对人际触摸的。**这些被称为 C 类触觉纤维的轴突，原来是爱抚的感受器。**

C 类触觉纤维只支配有毛皮肤，它们的末梢包裹着毛囊，使之能响应毛发的偏转。对人体皮肤中 C 类触觉纤维的具体形象，我们还尚未掌握，但霍普金斯大学医学院的大卫·金迪（David Ginty）和同事们已经尝试了对实验用老鼠使用基因花招，即把荧光分子引入不同的感觉神经元。这项研究表明，有两类毛囊(会长出锯齿形毛发和锥形毛发的毛囊)受 C 类触觉纤维支配。这两种毛发，似乎等同于人类的毫毛。有趣的是，这两类毛囊还受 A-δ 纤维和 A-β 纤维支配，它们的纵向披针形末梢交错成一幅美丽的图案，看起来就像是重叠的栅栏（图 2-4）。毫无疑问，老鼠毛茸茸的皮肤与人类只有少许毛发的皮肤的结构是不同的。然而，上述研究结果表明，哪怕只有一种类型的毛发，毛发的偏转也能引发多种感觉，即由 A-β 纤维介导的快速、可辨别、情感中立的信号；由 C 类触觉纤维介导的缓慢、弥散和愉悦的信号。[3]

研究 C 类纤维在触觉中的作用是一件很复杂的事情，因为有毛皮肤除了要靠之前提到的 4 种常规机械性刺激感受器来传达毛发偏转的信号，其同样也会受到快速的 A-β 纤维和中速的 A-δ 纤维的支配。不管是利用行为测试还是大脑扫描仪，都不可能在简单地抚摸有毛皮肤后，只单独衡量由 C 类触觉纤维唤起的知觉，因为所有的抚摸都会同时激活 A 类纤维的反应。多年来，信号重叠这个问题都在妨碍我们理解爱抚感受器。

爱抚的最佳速度：不快不慢

32 岁时，G.L. 患上了触感失觉。在日常生活中，她对鼻子以下的任何部位都没有感觉，如果她闭上眼睛，甚至不能判断自己的四肢到底在什么位置。G.L. 神经系统的缺陷是非常特殊的。她很聪明，也没有明显的认知或情绪问题。她收缩肌肉、移动身体的能力也基本上完好无损。然而，由于没有本体感觉，她必须主要依靠视觉来定位自己的四肢。因此，她动作缓慢，协调能力低下，且必须使用轮椅才能移动。多年来，经过大量的物理治疗后，她得以在加拿大魁北克自己的家中独立生活。在本书撰写之时，她已经 65 岁了。

G.L. 的腓肠神经活检结果解释了她触感失觉的原因。她失去了有髓大 A 类纤维中携带本体感觉信息的 A-α 纤维，以及传递来自皮肤机械性刺激感受器信号的 A-β 纤维（见图 3-2）。

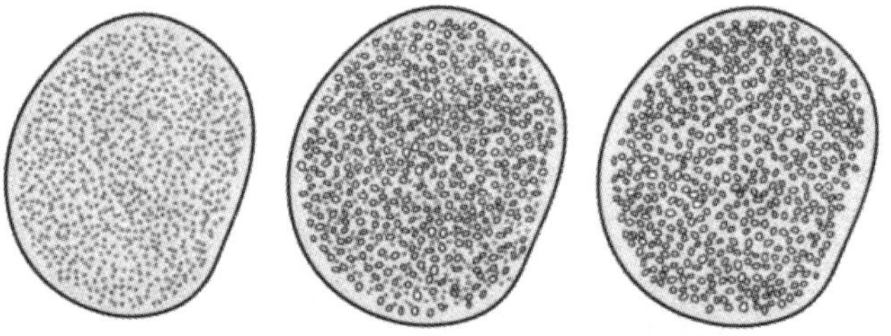

图 3-2　患者 G.L. 的腓肠神经活检与他人的对比

注：在患者 G.L. 的腓肠神经中，缺失了 A-α 纤维和 A-β 纤维。中间是正常的腓肠神经活检图。在右边北博滕综合征（HSAN V）患者的腓肠神经活检图中，与 G.L. 的病情相反，A-α 纤维和 A-β 纤维还有许多，而 A-δ 和 C 类纤维却大量缺失。

因为 A-δ 纤维和 C 类纤维都保存完好，因此 G.L. 对痛和温度的感觉都正常。全球患有此种综合征（称为急性感觉神经元病）的人极少，而 G.L. 恰是其中之一。[4] 一些患有跟 G.L. 同样综合征的患者报告说，他们感觉自己的身体就像是个与自己毫不相干的实体。[5] 他们虽然住在身体里，但身体却并不完全是自己的。另一些人则会对自己的身体变得过于敏感，或许是因为他们把注意力过度集中于检测那些仍然留存下来但变得越来越弱的触感。

G.L. 很慷慨地贡献出了自己的时间，答应充当许多研究的被试。虽然 G.L. 说在日常生活中自己的触感是完全失觉的，但在实验室里却发现了一个有趣的例外情况。当她集中精神时，用软毛刷或者指尖轻柔爱抚她前臂的有毛皮肤时，她会产生一种模糊的愉悦感，但不会产生跟痛、温度、痒等相关的感觉。此外，G.L. 一般也能分辨出触摸的是哪只胳膊，但无法判断其准确的位置。关键是，如果在手掌的无毛皮肤上进行这些温柔的抚摸，那么她完全不会有任何感觉。这些模糊的愉悦感其实来自 G.L. 残存的 C 类触觉纤维。C 类纤维只支配有毛皮肤，而不支配无毛皮肤。神奇的是，G.L. 和同类患者虽然没有了能快速传达丰富信息、情感中立且具有辨别性的触觉，但针对能产生模糊愉悦感并带给人安全感的触摸，似乎保留了一个专门的慢速系统。[6]

那么，G.L. 的 C 类触觉纤维的响应特点，是跟正常人的相同，还是为了应对相邻 A 类纤维的缺失而有所改变呢？情况似乎是前者。当对正常被试贯穿前臂的单条神经纤维做电记录时，实验人员可以找到响应有毛皮肤爱抚（而非简单的皮肤压痕或振动）的 C 类触觉纤维。要知道，对手掌无毛皮肤进行任何形式的触摸，都绝不会激活 C 类触觉纤维。

在正常被试对应不同类型的皮肤机械性刺激感受器的单条 A-β 纤维可以被记录下来，由于它们的响应特点跟 C 类触觉纤维有所不同，故此可以进行区分。A-β 纤维响应前臂的爱抚和其他形式的触觉刺激，如有纹理的表面、物体的边缘和振动。当然，它们也响应手掌、手指等无毛皮肤上的触摸。最重要的是，和C类触觉纤维相反，强烈刺激最能有效地激活 A-β 纤维：抚摸越迅速，响应越强烈。A-β 纤维能分辨出多种触摸刺激的特性，而C类触觉系统似乎被调试为专门用来检测特定类型的触摸，即某一速度范围内的轻缓爱抚。这种针对最优速度的调试，对感知而言非常关键。当把各种速度的爱抚施加到正常被试的前臂或大腿时，被试报告说，**每秒 3 ~ 10 厘米的爱抚速度感觉最愉悦，而这也正是最能有效激活 C 类触觉纤维的爱抚速度。**[7]

对正常被试做大脑成像研究时发现，前臂爱抚会激活初级和次级体感皮层（参与精确的形状和纹理分辨，受 A-β 纤维发起的信息驱动），以及一个叫作“后脑岛”的区域（参与情绪方面的感官信息处理）。观察 G.L. 的大脑成像图后可以发现，前臂爱抚激活了 G.L. 的后脑岛区域，却未能激活初级和次级体感皮层，这表明她残存的C类触觉纤维能强烈地激活前者，却无法激活后者（见图 3-3）。此外，能强烈激活C类触觉纤维的、相同的中速爱抚（公认的最令人愉悦的爱抚速度），对 G.L. 和正常被试的后脑岛都能进行最强烈的激活。[8]

C类触觉纤维承担了爱抚探测器的功能，用于支配有毛皮肤，并通过一条前往后脑岛的通路，激活一种缓慢、模糊且愉悦的感觉。重要的是，该通路在所有人身上都可以发挥作用。

不仅仅是像 G.L. 那样患有感觉神经元病症的患者，还包括前文我参与陪审一案中的 19 岁强奸犯。阴茎龟头是无毛皮肤，而阴茎的轴体则是有毛皮肤，故此后者会受C类触觉纤维的支配。有可能，那个激怒被告的手活儿，其速度并不在能强烈激活被告阴茎轴体有毛皮肤中C类触觉纤维的范围内。

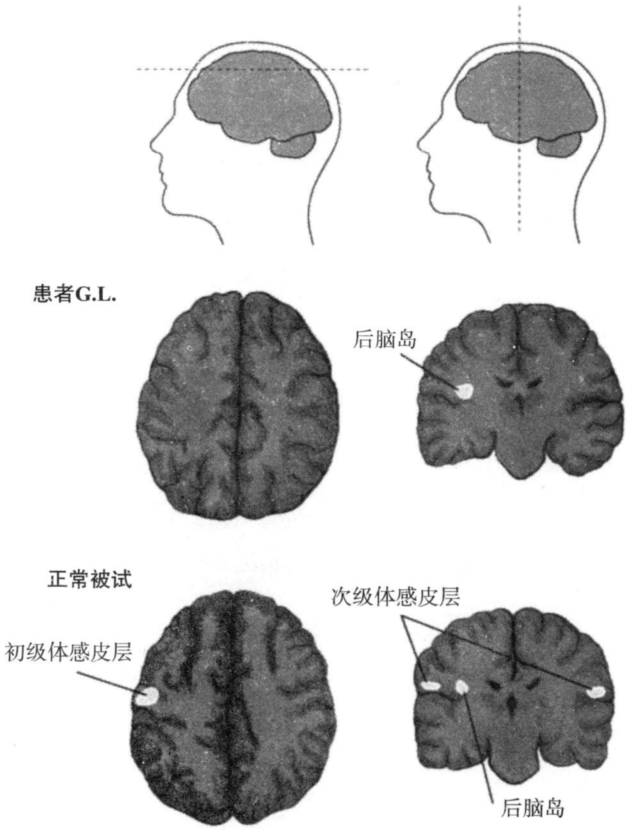

图 3-3　轻柔抚摸激活的脑区示意图

注：对右前臂的轻柔抚摸，能激活患者 G.L.（缺失 A-α 纤维和 A-β 纤维）和正常被试的左前脑岛。G.L. 的初级和次级体感皮层，虽为分辨、识别和定位触摸刺激所必需，却不为前臂爱抚所激活。请注意，对右前臂刺激只能激活正常被试的左侧初级体感皮层，但能同时激活左右侧的次级体感皮层。

资料来源：H. Olausson, Y. Lamarre, H. Backlund, C. Morin, B. G. Wallin, G. Starck, S. Ekholm, I. Strigo, K. Worsley, A. B. Vallbo, and M. C. Bushnell, "Unmyelinated tactile afferents signal touch and project to insular cortex," *Nature Neuroscience* 5 (2002): 900-904, with permission of Nature Publishing Group.

对疼痛无感是一种怎样的体验

北博滕省是瑞典北极圈以北一个地广人稀的地方，如果你向那里的人打听，他们会告诉你，感觉不到疼痛的问题在17世纪甚至更早的时候就已经出现了。当时有个男性因为这样，频繁受伤，从皮肤擦伤到骨折再到关节衰退。他还把这个特性遗传给了家族后代。[9]多年来，由于北博滕省的居民跟自己一代和二代堂表亲戚结婚的情况并不少见，而疼痛迟钝又是遗传性的，于是这种病症在该地区一直流传至今。

虽然北博滕省这些对疼痛迟钝的患者受病情影响的程度不同，但所有人，在深层疼痛和浅层疼痛以及温度感知上，都出现了严重的失觉。不过，他们都认知正常，对微妙触摸的感觉，以及本体感觉和运动协调性也都未受损害。基因检测显示，北博滕突变破坏了一种名为“神经生长因子β”（nerve growth factor beta，以下简称NGFβ）的蛋白质。由于NGFβ为小的感觉神经元存活所必需，所以，当观察这些患者的神经活检结果时，对于其都缺失C类纤维和A-δ纤维，而A-α纤维和A-β纤维则被大量地保留了下来的这点，也就不足为奇了（见图3-2）。[10]

北博滕感觉神经综合征的症状跟患者G.L.的症状完全相反，后者保留的是C类纤维和A-δ纤维。北博滕症患者以对疼痛迟钝而出名，丧失C类纤维意味着他们用于检测爱抚的C类触觉纤维也同样受损了。当扫描北博滕症患者的大脑时，我们发现，用理想的中速爱抚其前臂，只会微弱地激活其后脑岛。而且，患者对爱抚带来的愉悦的评价，也明显低于同龄、同性别的对照组被试。[11]结合缺失了C类触觉纤维的北博滕症患者，和保留了C类纤维的G.L.等患者所分别得到的结果，我们可以发现，C类触觉纤维能激活大脑中一套专门用于感受爱抚的系统。[12]

两套互通有无的触觉系统

我们的皮肤里存在着两套独立的触摸系统，它们平行运作，用于报告我们触觉世界里在本质上就不同的方面（见图 3-4）。快速的 A-β 纤维传递具备高时空分辨率的触摸信息，让人得以分辨身体各处有着细微不同的各种刺激。它们的关注点是事实性信息。慢速的 C 类纤维爱抚系统只在有毛皮肤上产生模糊的、情绪积极的感觉。它的关注点是情绪氛围，故此，其也会传递新生儿情感发展所必需的关键社会信息，以及促使人类及其他动物发展信任和协作关系的关键社交触摸信息。[13]

为何拥有一套慢速模糊的 C 类触觉纤维系统是必要的呢？ C 类触觉纤维传递的信息，是否仅仅是 A-β 纤维已编码过的信息的子集呢？为什么不直接用 A-β 纤维和快速机械性刺激感受器来检测爱抚呢？

答案可能是这样的：假如社交触摸的情绪信息是由轻抚的速率决定的，那么，拥有一套像 C 类触觉纤维这样专门的慢速探测器恐怕会更轻松。如果由 A-β 纤维所支配的探测器编码发出具有情感意义的信息，那么很容易会被淹没在没有情感意义的其他触觉信号里，从而难于提取。

好吧，那为什么快速的 A-β 纤维中没有一个针对最优爱抚速度的子集呢？如果有，那么你便可以同时具备两个优势：你不仅可以敏感地检测到爱抚，同时还能保持快速的信息传递。

目前，这个问题尚未找到确定的答案。有可能是慢速信号产生的时间整合，更适合做一些基于情绪碰触的决策。这类决策也许是一些需要根据持续时间较长的触摸刺激来做出的深思熟虑的选择。

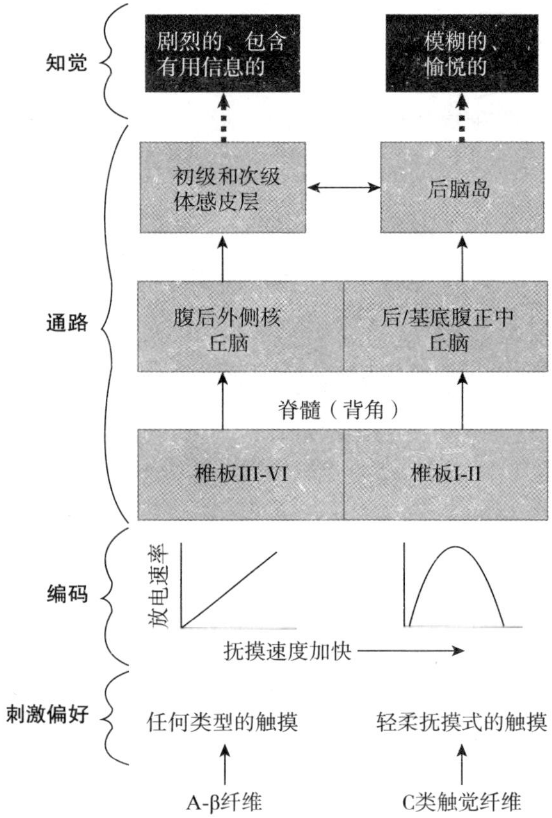

图 3-4 从有毛皮肤到大脑的两条独立通路

注：一条通路介导快速的信息性触摸，一条通路进行慢速的弥散性爱抚检测。A-β 系统会以线性形式响应任何类型的触摸：触摸的速度越快、越有力，快速有髓轴突的电信号就越强烈（更多的尖峰启动放电）。这些纤维向上到达脊髓背角更深的层面（叫作椎板 III-VI），接着在脑干中经突触中继，在中线交叉，激活丘脑里名叫腹后外侧核的区域。接着，丘脑神经元发送轴突，激活初级和次级体感皮层，后者主要是执行连续运算，分辨细微触摸。对比而言，C 类触觉系统针对的是中等速度的轻柔抚摸，会对触觉信息展开有力的初始过滤。慢速的 C 类触觉纤维在接触脊髓背角椎板较浅的 I 和 II 层后，会在中线交叉，顺着名叫“脊髓丘脑束”的通路发送轴突，激活丘脑不同区域的神经元，即后 / 基底腹正中丘脑。反过来，后者又会把自己的神经元发送到后脑岛，在这个地方产生愉悦的弥散性知觉。

资料来源：Adapted from I. Morrison, L. S. Loken, and H. Olausson, “The skin as a social organ,” *Experimental Brain Research* 204 (2010): 305-14, with permission of Springer.

例如，你可不愿意把无心的轻拂，理解成具有社交动机的爱抚。如果理解错误的话，我那几个正处在青春期的孩子可能会说："那可就尴尬透了。"还有一种可能是，A-β 纤维要耗费许多能量，且神经的包裹髓鞘，需要大量的横截面空间，这太过昂贵了。如果你不追求速度，而是改用廉价的慢速神经的话，那么你就不用支付过高的生物代价。又或者，还有可能是 C 类纤维最先进化出来，而这一初始系统限制了进一步的演进变化。

有必要指出，这一快一慢两套触觉系统，并不是完全独立的。后脑岛（C 类触觉爱抚系统的主要皮层枢纽）和初级及高级体感皮层（处理并分辨来自 A-β 纤维的微妙触觉信息的皮层区域）之间存在着双向通信。两者之间互相影响，整个系统都会受到与环境和社会情境相关的、强大的多感官以及情绪性的调制。爱人和陌生人施加完全相同的最优速度爱抚，带来的感觉可能完全不同。就算都来自爱人，爱意绵绵、两心相交时的爱抚，与吵架没吵完时的爱抚，给人的感受也可能完全不同。尽管最优速爱抚带来的最强烈激活出现在后脑岛区域，但最近的研究亦显示，初级体感皮层同样可为爱抚激活，激活程度会受到社会认知因素的调制，如当事人所感知到的爱抚者的性别、大脑非体感区域所接收到的信息等。[14]

看到别人被爱抚，为什么自己也会起鸡皮疙瘩

前文我们讨论了社交触摸发挥的重要作用，即在大量需要建立密切关系（从婴儿到成年人，从同事到情侣）的情境中发展、强化信任与协作。爱抚传达了"你是安全的"信息。一如你信任自己的母亲（第一个爱抚你的人）一样，你也可以信任那些爱抚你的人：这个人不会对你造成威胁。

C类触觉系统在这一沟通过程中扮演了重要角色。**爱抚不仅能激活后脑岛和体感皮层，也能激活其他整合多种感官及运动信息的脑区。**其中包括参与社会认知的皮层区，如颞上沟、内侧前额叶皮层和前扣带皮层。[15] 当然，对这类脑区的研究，是在正常被试而非像G.L.这类的患者身上进行的，所以，这些社会认知中心有可能也会接收部分由快速A-β纤维传递的触觉信号。但比较起来，这些区域受快速爱抚的激活程度远不如最优速度的爱抚，这跟C类触觉系统在驱动其响应与建立社会联系中所扮演的重要角色相一致。

存在自闭症谱系障碍①的成年人，在社会认知中会遇到颇多的挑战，同时也难以分辨他人的社交意图。他们往往厌恶某些形式的社交触摸，跟正常的对照组相比，前者对最优爱抚所带来的愉悦的评价较低。此外，自闭症的严重程度还和愉悦感知的减少之间存在正相关：患有最严重自闭症的病人，对爱抚的评价最低。自闭症患者的脑成像检测结果也揭示了类似的相关性：最严重的自闭症患者，其特定的社会认知中心（内侧前额叶皮层和颞上沟）被最优速手臂爱抚激活的程度也最低。[16]

这项研究虽然具有启发性和趣味性，但却并没能对结果作出很好的解释。在爱抚过程中，问题主要出在哪里？严重自闭症患者的C类触觉纤维能对爱抚进行正常编码吗？还是说，问题出自皮肤和感觉神经的活性？自闭症患者后脑岛对爱抚的响应正常吗？而且，最重要的是，这里的因果关系是怎么样的？是因为对爱抚的感觉有缺陷，才令自闭症患者反感社交触摸？这会不会让他们更难分辨他人的社交意图？

① Autism Spectrum Disorder，指的是根据典型自闭症的核心症状进行扩展定义的广泛意义上的自闭症，既包括典型自闭症，也包括不典型自闭症，还包括阿斯伯格综合征、自闭症边缘、自闭症疑似等症状。——译者注

回想一下北博滕症患者，他们没有C类触觉纤维，但似乎认知正常，并未表现出自闭症的迹象（目前对此尚未做过仔细研究）。还有可能，或许寻求爱抚和喜欢爱抚，需要一定的经历才能发展起来。而自闭症患者，出于与碰触无关的原因，从小便过着社交较少的生活，因此可能未曾有过这样的经历。

我13岁时，和大多数人一样，还没有过任何意义非凡的浪漫体验。所以，当我妈妈带我去看丽娜·维尔特米勒（Lina Wertmiiller）导演的性感（同时也是扭曲和充满隐喻意味的）的电影《踩过界》（*Swept Away*）时，我满心期待。当看到由吉安卡罗·吉安尼尼（Giancarlo Giannini）和玛丽安杰拉·梅拉托（Mariangela Melato）扮演的夫妇在爱抚着彼此的肌肤时，我简直都快受不了了。我不只在看，我的皮肤甚至都能感受到他们的感觉，以致近40年以后的今天，我对此仍然记忆犹新。

我们能为屏幕上演员们的抚摸感到激动，那种反应就像是自己的皮肤也受到了爱抚一样，这其实是源自后脑岛接收到的神经信息。后脑岛是爱抚激活的主要皮层中心，也是情绪大脑的一个关键节点。除了C类触觉纤维，后脑岛还接收经过高度处理的视觉信息。令人惊讶的是，仅仅只是看到电影里的人的手臂受到了爱抚，被试的后脑岛也能被激活，就像自己手臂也得到了真正的爱抚一样。更令人惊讶的是，和真正的触摸爱抚一样，较之快慢刺激，电影里展现的最优速爱抚能最强烈地激活后脑岛，而观众本人对电影里的最优速爱抚评价也最为愉悦。没有C类触觉纤维的北博滕症患者，对爱抚镜头的愉悦感评分，明显要低于对照组，他们对爱抚的速度也没有特别的敏感性。[17] 也就是说，正常被试和北博滕症患者，都会根据自己的爱抚触觉体验，对电影里的爱抚作出评估。

不光是对自己的触觉体验，我们在观察他人的触觉体验时，也会注意到情感触摸的关键特点。**我们对解读他人的此类信号高度敏感，这是社会认知的一个重要特征，可以帮助我们时刻留意所属社会群体中从属关系、结盟情况和地位的变化。**当然，这也是无止境流言的源头：你看到她是怎么碰他胳膊的了吗？

TOUCH

The Science of Hand, Heart, and Mind

04 是谁烹出完美性体验大餐

当轻触或亲吻爱人时，你会感到仿佛有一股电流流淌过全身。

放下情感，从生理的角度来讲，

此时你的大脑和身体各自都在忙些什么？

那是在我们确立关系之初。B 和我还处在探索彼此身体及性方面好恶的阶段。美妙的一晚之后，我们迷迷糊糊地睡着了，过了几个小时，当明亮而恼人的阳光顽强地透过窗帘的缝隙倾斜着洒下来时，我们才渐渐醒来。我们半睡半醒地开始互相爱抚，开心地耳鬓厮磨，但也有些迷糊。前一晚的活动令床闻起来带有一股令人放心的散漫味道，醒来那一刻的迷乱在朦胧嗅觉的映衬下，显得更加如梦似幻了。

我们两人亲吻着，我的手从她肚子上慢慢游移向上，托起了她软软的乳房，她喉咙里发出一声鼓舞的咕噜声。这时我开始用拇指和食指轻轻绕着她的乳头转，但这似乎并未唤起她的任何反应，这让我觉得有点不同寻常，因为她之前对这种触摸的回应可是很激烈的。她的乳头在我的手指尖上也感觉怪怪的，好像突然跟她的乳房完全分离了，只托在我的手里。

在那一刻，世界变得不再合理，所以我努力想要厘清局面：(a）我手里现在拿着脱离了 B 身体的乳头；(b）我这么做，似乎完全没让她烦扰，她正对我还以带着睡意的微笑，尽管很快就因为我惊恐的表情，变成了担忧的神色；（c）没有血迹。

我得不到认知上的牵引，我的思想脱缰了。这种事怎么可能发生呢？

在正常的悲惨事故，如一场可怕的车祸中，我们的生活会在一瞬间发生变化，但这种事符合残酷的、可预见的物理学：物体碰撞，力量消散。重力和摩擦力仍然存在。但不管我们如何摇晃，也并不违背我们对物理世界的核心假设。可在阳光明媚的早晨，当我们懒散地躺在床上时，我却在同一时间，既产生了幻觉，也为幻觉所迷惑，我完全把自己给搞糊涂了。考虑到我在那一刻之前的所有生活经历，上述三条观察有可能全都不是真的。

即使到了今天，我对这件事的实际持续时间也全无概念，好像只有几秒钟，接着我就继续抚摸她分离的乳头了。然后，我逐渐意识到，它不像是我所熟悉的那个温暖、柔软，还带点儿褶皱的乳头，而是比正常的要大，像海绵，还依稀泛着亮光。当然，在我的持续探究下，我终于发现它根本就不是乳头。我内心的“钻头”终于打通了“油井”：这海绵状的物体，其实是泡沫耳塞，只不过晚上松掉了，落在了她的胸口。我长出了一口气，尽管又过了好几秒，我才能向 B 解释到底是怎么回事。

无毛皮肤下隐藏的秘密

乳头离体的故事，描述了有关感知、知觉以及两者之间差异的要点。我们觉察到一件感官事件的方式，并不单纯由相关刺激的物理参数（如传输到拇指和食指正面的 10 克的力）决定，也不单纯由传导刺激的感受器过滤这些刺激参数的方式（在本例中，指的是拇指和食指指垫皮肤的机械性刺激感受器的响应特性）决定。即便我们把自己的探索行为提供的额外信息（手和胳膊肌肉传送的本体信息）增加到数据当中，仍不足以解释我们对刺激的最终感知。相反，**我们对感官刺激的感知，关键还是依赖于我们的期待，而我们的期待，则是在事发之前的生活经历中早就形成的。**[1]我们知道，乳头不会脱离人体，如果真的脱离了，那么我们会预料到出血，还可能会伴随痛苦的惨叫。我们对自己的所知充满信心，坚信重力应该发挥作用，哺乳动物的肢体应该是温暖的，等等。如果期待和感知不匹配，那么就是怪事发生的迹象，而我们对该感觉的感知，也会从根本上发生改变。

同样，环境也是感官体验的关键。对大多数人来说，在浪漫的环境下，情人用手指绕着我们嘴唇打转的行为，会让我们感到高兴，并充满热情。但要是同样的行为发生在医生的诊疗室里，那就绝对不会有情色意味。[2]当然，环境感知并不限于触摸感受或两性环境。如果你满心期待自己的马克杯里装着茶，那么当你喝到咖啡时，你会觉得满嘴都是怪味，哪怕平常你喜欢喝咖啡。公共厕所里挥之不去的微弱硫磺气味会让人觉得恶心，但在奶酪店里，同样的味道闻起来可能会令人愉快（见图 4-1）。

性触摸的种类多种多样，嘴唇和乳头往往在其中扮演着重要的角色。轻触或亲吻耳朵、脖子、手臂内侧或者肛门，能让许多人“性”致盎然。不管你是男人、女人还是阴阳人，是异性恋、同性恋还是双性恋，这都无关紧要，只要你询问足够多的人，你就一定能发现有人会因身体某个部位受到触碰而产生性的感觉。如果你不相信，不妨在互联网上搜索“恋眉”（eyebrow fetish）或“恋腋窝”（armpit sex）这两个关键词。性行为中有着近乎无限的变数，这也是我们人类体验的一个核心特征。

图 4-1 臭烘烘的奶酪

注：考虑到背景环境和人的期待的不同，同一种气味既可以让人觉得恶心，也可以让人觉得愉悦。这是感知的一个普遍特点，同样也适用于触感。

资料来源：Comic by Julia Wertz; used with permission.

腋下、耳朵和眉毛固然都有情色潜力，但生殖器的地位仍然是独一无二的。如果处在合适的环境下，那么几乎每个人都会知道，对外阴蒂或龟头施加刺激，就会带来性兴奋。为什么会这样呢？这些部位的皮肤在结构上有什么特殊之处吗？和嘴唇、指尖一样，外阴蒂和龟头的皮肤是无毛的，连最细的毛发及其相关的神经纤维都没有。一如我们所见，嘴唇和指尖具备丰富的机械性刺激感受器，能进行精细的辨别性触摸，但阴茎和龟头却没有这类感受器。它们拥有的是丰富的游离神经末梢，用来传导冷、热、痛和炎症感。[3] 此外，它们还有一类特殊神经末梢构成的螺旋轴突，这种轴突的外面包裹着若干非神经包被细胞（见图 4-2），名为“生殖终球”（genital end bulbs，在神奇的德语里，它叫作 Genitalnervenkörperchen）。[4]

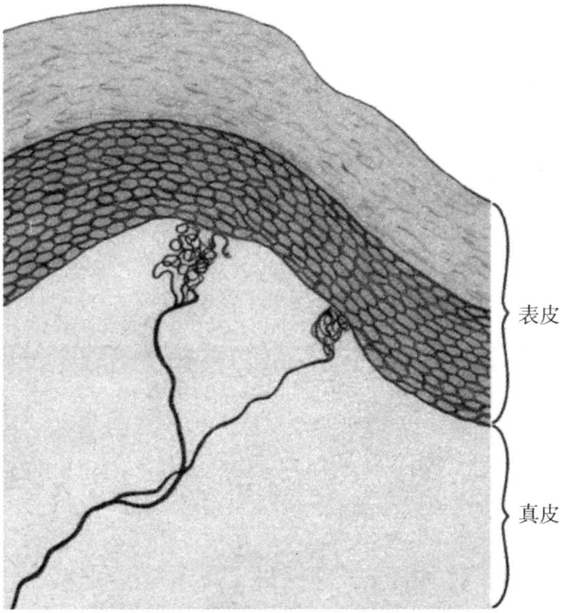

图 4-2　特殊神经末梢构成的螺旋轴突

注：这种结构对性接触重要吗？男性阴茎龟头皮肤里有两个生殖终球，位于真皮最上层。而在女性阴蒂的皮肤里，生殖终球的密度更大。

多年来，有关生殖终球分布的情况，一直有争议。但生殖终球的分布似乎并不仅限于生殖器，其他人体组织里也有类似的、被松散地包裹着的螺旋神经末梢，叫作皮肤黏膜终末器官（mucocutaneous end-organs）。它们也存在于其他类型的无毛皮肤中，如嘴唇、乳头、肛门开口周边皮肤，并参与性触感。也许外阴蒂和龟头之所以能在性感觉中发挥突出作用，就是因为这类神经末梢高密度地存在于这两个部位。其中，女性阴蒂外部、男性龟头冠部（龟头边缘的标志性脊状物）和系带部（阴茎龟头下方的弹性组织）的生殖终球密度最高。因此男人们经常报告说，这些地方对性刺激最为敏感。[5]

不过，皮肤黏膜终末器官真的会在性触感中发挥特殊作用吗？很遗憾，我们也不知道，因为迄今为止，在人类或实验室动物身上，尚没有药物或者基因技术能选择性地激活（或者失活）它们。我们甚至不知道它们的电信号是否能通过一条独特的通路进入脊髓或大脑。事实上，据我所知，它们的电信号还没有被单独地记录下来过。它们的结构虽然对人类生活有着巨大的潜在意义，但我们对它的理解却很有限，说来不免令人惭愧。[6]

是什么决定了你的性行为偏好

从生殖器区域传来的触摸感觉，会通过 3 种不同的神经传到脊髓，并最终进入大脑（见图 4-3）。

阴部神经对性感觉最为重要，它们用于传递来自女性阴蒂和男性阴茎的信号。由于阴茎和阴蒂是由同一种未分化的胚胎组织部分发育而来的（根据发育早期不同性激素的影响，这一组织部分最终化为男性和女性的特定形式），因而，很自然地，它们被相同的感觉神经所支配。**重要的是，只需一条感觉神经，便可以传递来自胯部若干不同部位的信息。**对女性而言，骨盆神经传递来自小阴唇、阴道壁、肛门和直肠的触摸信号；对男性而言，阴部神经传递来自肛门、阴囊和阴茎的信息。女性子宫颈和子宫的感觉，也可以由名为迷走神经的腹下神经以及颅神经直接传送至脑干，彻底绕过脊髓。

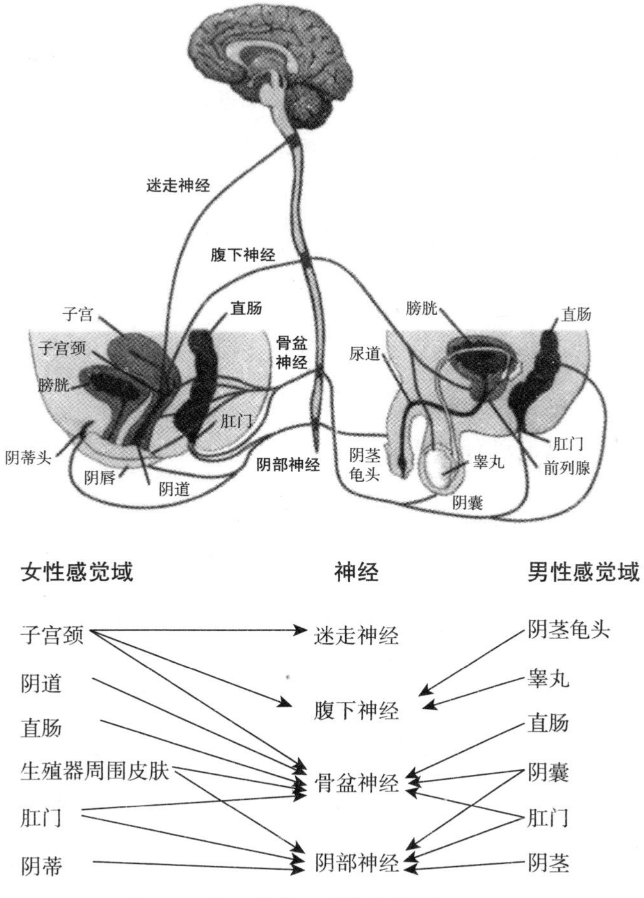

图 4-3　支配骨盆区域的感觉神经组织图

注：来自骨盆的信息，会由 3 对脊髓神经传递至大脑，它们分别是阴部神经、骨盆神经和腹下神经。这些神经会顺着脊髓进入不同的层面。来自子宫和子宫颈的感觉，会由被称为迷走神经的颅神经直接传递至脑干。要注意的是，哪怕是单独的一条神经，其也可传递来自多种不同皮肤源头的信息。例如，男性的阴部神经，便可传递来自阴茎、肛门和阴囊的感觉。

资料来源：©2013 Joan M. K. Tycko.

骨盆区域触摸信号的汇聚与分散，会对我们的性体验带来重要的影响。毗连生殖器的部位和生殖器周围的部位之间的串扰，或许有助于解释为什么对肛门、直肠、会阴的刺激，有时也能引起强烈的性感觉。虽然很多人喜欢在性交时刺激这些地方，但也有人发现，生殖器周围部位的情欲感觉，并不只出现在性活动当中。例如，荷兰有一名男子就报告说，他每次大便时都会出现性高潮。[7]

感觉神经的接线图也可以帮助我们理解，在某些脊髓受伤的案例中，性感觉是如何得以保留的。如果下背部第二腰椎位置的脊髓横向彻底断裂，那么便会使男性来自阴茎和阴囊、女性来自阴蒂和小阴唇的感觉中断，因为这些感觉是由阴部神经和骨盆神经所传递的。可又因为腹下神经和迷走神经另有一条完整通路进入大脑，因此即便遭受了这种脊髓损伤，女性仍然能保留部分来自子宫颈和子宫的性感觉，男性也可保留部分来自睾丸和前列腺的性感觉。有些在较高脊椎位置（远高于腹下神经入口的位置）发生脊髓横断的女性也报告称，她们有从子宫颈和子宫传来的强烈性感觉，而这正是由迷走神经所传递的。[8]

观察类似图 4-3 的解剖示意图，我们很容易认为，传递来自骨盆区域感觉的神经的接线图，在男女身上都是完全一样的。从最广义的层面上来说，情况的确如此：凭借阴部神经，几乎每个男性都会有来自阴茎的感觉，而每个女性也都会有来自阴蒂的感觉。但如果我们观察神经细枝分叉模式和神经末梢的分布，那么个体差异就很明显了。当我们比较两名女性时，你会发现其中一人的生殖终球可能在外阴分布较少，而在小阴唇和肛门分布较多；而当我们比较两名男性时，其中一人的游离神经末梢可能在前列腺分布较多，而在阴囊部位分布较少。

“身体接线方式”决定你的喜好？

支配生殖器和生殖器周围区域的感觉神经，其细微结构是否就是决定个人性行为偏好的基石所在？解剖学家提出这一构想已经很多年了。[5] 女性主义作家纳奥米·沃尔夫（Naomi Wolf）进一步扩展了这一观点。她在《阴道：一部文化史》（*Vagina: A Cultural History*）里推测，个体神经差异可以被用来解释女性性偏好的差异：

> 对一些女性来说，她们有大量的神经通路都起源于阴蒂，同时，这些女性阴道的支配神经较少，即神经密度较低。这些女性或许更喜欢刺激阴蒂，而不是从抽插运动中得到快感。然而，也有一些女性的阴道里有大量的支配神经，光是靠抽插，就能轻易达到高潮。还有一些女性，她们的会阴或肛门区域可能有较多的神经通路终端。因此她们可能更喜欢肛交，甚至能从中获得高潮，而神经接线与此不同的女性或许会对肛交彻底无感，甚至会觉得那样很疼痛。有些女性的骨盆神经接线更靠近身体表面，因此也更容易达到高潮；而另一些女性的神经接线埋在身体更深的地方，于是这就需要她们自己和伴侣有更多的耐心，发挥更大的创造性，如此才能捕捉到难以捉摸的高潮。文化和教养显然也部分影响着女性达到高潮的方式，以及她们能否轻易达到高潮。但达到高潮，并不只受文化和教养的影响。这套话语也许会令数百万女性陷入不必要的内疚和羞耻，又或者恰巧相反，会让她们产生略微变态的感觉（这取决于她们自己的口味）……身为女性，不管你在床上喜欢什么、需要什么、有什么样的花样，这些或许都是由你身体的接线方式所决定的。[9]

这是一个合理的观点：体内这一区域的感觉神经传送性感觉，而且，这些神经的微妙结构还存在着个体差异。因此，骨盆处神经微妙的配置差异，貌似至少能被认定为造成性体验（故此也是性行为类型及偏好）个体差异的部分基础。不过，要注意的是，**没有任何证据证明，生殖器感觉神经微妙结构中存在的正常差异是造成不同性感觉和性偏好的基础**。这里所提到的解剖差异，远远超出当今医学扫描设备所能检测到的极限。目前，我们对皮肤和其他组织结构中相关感觉神经及神经末梢精细结构所掌握的知识，都来自尸体和活体样品。我们可以把它们切成薄片，放到显微镜下观察。但我们不能对健康、完整的活人这么做，对于活人，我们只能通过采访，来了解其性体验。[10]

性感觉和性欲望要求身体（尤其是生殖器）与大脑之间持续进行交流。考虑到性体验的个体差异具备潜在的生物学基础，所以我们还应当把性触摸所激活的大脑区域的个体差异包括在内。关键是，在皮肤和大脑中，这种差异或许并不仅限于结构。最突出的个体差异或许是由神经元电信号和化学信号所导致的，而这些差异却不一定涉及神经元的形状或接线图的变化。离子通道或神经递质受体的性质差异，有可能会对性触摸回路中某个神经元的功能造成重大影响，但这些差异，也不能用结构性测量来识别，哪怕分辨率最大的显微镜也做不到。因此，当我们读到沃尔夫的最后一句话，即“这些（性偏好）或许都是由你身体的接线方式所决定的”时，我们应当记住，“或许”这个词在这里很关键，因为这意味着其中的因果关系还尚未得到证实。而且，我们还应该从最广义的角度来理解“接线”这个词，这不仅仅是指生殖器和生殖器周围区域的神经接线，还包括大脑相关区域的神经元接线。此外，我们还应当把导致神经元电信号、化学信号变化却并未导致（大脑或皮肤的）神经接线图变化的个体差异包含在内。[11]

大脑中生殖器真正的激活区

如果对由生殖器官刺激带来的、发生于体感皮层的脑部激活模式进行映射，那么我们能得到些什么呢？根据触摸模式的不同（进行精细的辨别性触摸、爱抚、触摸温度，等等），来自骨盆的触摸信号会顺着脊髓和脑干中的不同通路，被传递到大脑。和身体其他区域的信号一样，骨盆触觉信号也会在丘脑形成中继连接，接着到达新皮层，并在新皮层的初级体感区域以身体映射脑图的形式被表征（图 2-8）。一如前文所述，由于生殖器的机械性刺激感受器密度较低，因此其在整个身体映射脑图里只占相当小的一部分。

罗格斯大学的巴里·柯米沙鲁克（Barry Komisaruk）和同事们开展了一项研究。研究人员给女性被试一支手持假阳具，并请她们刺激自己生殖器的不同区域，即外阴蒂、阴道和子宫颈，同时研究人员对她们的大脑进行扫描。[12] 当观察被试初级体感皮层的激活模式时，研究人员发现上述 3 个生殖器区域分别激活了大脑组织里的不同区块，并且这些区块彼此相邻，有时还部分重叠（图 4-4）。重要的是，和彭菲尔德刺激大脑所得到的映射图一样，这些区块的大小和精确位置也存在着部分个体差异。区块的大小是由骨盆感觉神经末梢微妙的结构所决定的吗？如果一位女性阴道壁的感觉神经分布异常密集，或者，一位男性的阴囊有着特别密集的神经分布，那么当事人大脑身体映射图里的这些区域会变大吗？个体经历的影响又与此有什么关系？如果一个人经常肛交，那么他的肛门和直肠在皮层中的表征区域会扩大吗？这是否与提琴手每天练琴，因而扩大了按弦手指的感觉映射图的情况类似？这些问题尚有待回答。

和彭菲尔德的经典身体映射脑图一致（见图 2-8），对女性生殖器的刺激能激活与身体映射脑图连续部分相分离的一个区域，这个区域就在代表脚趾的部位的下方。然而，仔细观察图 4-4，你也可以看出，相邻的、半重叠的激活区域其实也是你能够预料到的，即位于映射图中大腿和腹部相交的腹股沟部分。为什么女性生殖器在大脑映射图里会出现两处表征呢？实际上，这并不是一个为女性所独有的现象，男性的生殖器也有双重表征。图 4-4 显示了这两个位置的活动，该研究的研究者称，**靠近脚趾的区块才是生殖器真正的激活区，而腹股沟区块的激活则是生殖器毗连组织连带激活所导致的结果。**[13]

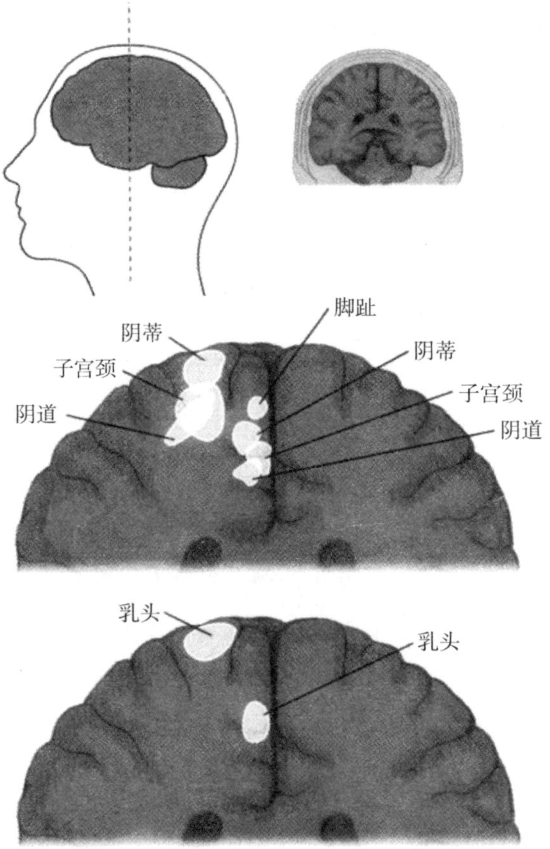

图 4-4　自主刺激时体感皮层区的激活示意图

注：使用大脑扫描仪映射自主刺激外阴蒂、阴道、子宫颈、脚趾和乳头时所激活的体感皮层区。请注意，刺激乳头所激活的部位与刺激子宫颈、阴道和阴蒂所激活的部位相重叠。这或许解释了乳头在女性性感觉中扮演的重要角色。迄今为止，这一实验尚未对男性被试开展过。另一个关键问题是，用假阳具不可能单独刺激所有生殖器部位。刺激阴道，肯定会激活阴蒂的底部，进而又会按压阴道前壁；刺激子宫颈，必然会部分激活阴道和阴蒂；而上述所有形式的生殖器刺激，又都会部分地拉伸小阴唇和会阴。

资料来源：Adapted from B. R. Komisaruk, N. Wise, E. Frangis, W.-C. Liu, K. Allen, and S. Brody, "Women's clitoris, vagina, and cervix mapped on the sensory cortex: fMRI evidence," *Journal of Sexual Medicine* 8 (2011): 2822-30, with permission of the publisher, Wiley.

有趣的是，在这个实验里，当刺激女性乳头的时候，大脑扫描仪所呈现的大脑映射图同时出现了两个不同的被激活的区块：一个在胸部的对应位置；一个则远在脚趾之下的地方。事实上，刺激乳头所激活的区块，与刺激阴蒂、阴道和子宫颈所激活的区块存在明显的重叠。这也许可以解释，为什么刺激乳头能让许多女性感到性兴奋。更进一步来说，它提出了一个问题：初级体感皮层所在的位置（中央后回近中面），是否在性触摸中扮演了特殊的角色？[14] 如果在显微镜下观察从尸检中取下的、大脑的这一部分组织，你会发现它并没有什么不同寻常的地方。单个神经元、神经胶质细胞和它们的层状结构的总体外观，都跟处理身体其他部位（没那么多色情意味的部位）体感信息的区域基本一样。也许，初级体感皮层所在的区域跟大脑处理愉悦及恐惧信息的区域有着非同寻常的强大联系，但到目前为止，还没有人研究过这一点。

食与色，都快乐

我读 4 年级时，坐在我旁边的是一个叫拉尔夫的男孩。虽说他那时才 10 岁，但你敢肯定，他最终一定会落个蹲大牢的下场。拉尔夫跟每一个人都打过架。他喜欢用圆珠笔在自己脏兮兮的胳膊上画摩托车的涂鸦，并且鼻子上永远挂着两行鼻涕，却从来也不擦。有一天，没什么特别的理由，他转过身来对我说："你知道女孩是怎么怀孕的吗？一个女孩脱了裤子，另一个男孩也脱了裤子，然后一起磨屁股，接着女孩就有孩子了。"他边说边抽了下鼻子。尽管当时我对性爱的具体细节还很懵懂，但我知道拉尔夫说得肯定不靠谱。拉尔夫继续即兴发挥道："你知道'支帐篷'是什么意思吗？如果你想到裸体女人，你的那儿就会硬起来，那就叫'支帐篷'。"他还是边说边抽鼻子。对我来说，这解释似乎同样可疑。据我所知，"支帐篷"是件具体可感的事，但仅凭一些缥缈、会稍纵即逝的想象，如幻想一个裸体女人或者其他什么事情，却显然不是物理可感的，因此，这两件事情怎么可能扯上关系呢？它们可是属于两个不同的领域。拉尔夫的解释简直是神秘主义，甚至更糟糕，是迷信。

“不可能。”我说。

“受信不信，随便你。”拉尔夫说。

相似的愉悦，同样的满足

让我们想象一下，你正走在纽约西村的韦弗利广场。你饿了，还有点累。你看到有人拿着一块沙拉三明治从你身边走过，那是你最喜欢的一种食物。顺着那人走来的方向，你发现了沙拉三明治的来源，那是一家又小又拥挤的餐馆。你闻到了煎沙拉三明治、辣椒酱和芝麻酱汁的美妙气味，你开始流口水了。你走过去，点了一份沙拉三明治。几分钟后，你咬下了第一口，十分酥脆美味。接着你又吃了一口，因为三明治很大，你得继续吃。你逐渐感觉饱了。最后一口带给你的快感也还行，但不如咬下第一口时那么美好。现在，你已经饱了，短时间里不太可能再吃东西。除非，王子街那头有很棒的冰糕。

本着真正的书呆子精神，如果我们为这次愉悦的就餐体验绘制曲线图，即以快感为 Y 轴，以时间为 X 轴，那么它的样子类似于图 4-5 中上方的曲线图。在初始阶段，食物的外观和气味，会跟你的内部状态，即饥饿相互作用，并创造出欲望。在这一点上，你已经感到有些愉快了，但因为想体验到更多的快感，于是你开始流口水。重要的是，这一欲望反映了大脑先天的固有反应和后天的习得反应。我们人类对某些食物的气味，尤其是油炸食物的气味，天然地会有欣喜的反应。此外，我们的反应还会受经验调节。你知道自己喜欢沙拉三明治，并且你此前去过这家餐馆，于是你喜欢这家餐厅的三明治。反过来说，如果你上个星期吃了油炸沙拉三明治之后就生病了，那么几乎可以肯定的是，即使你再次闻到它的味道、看到它的样子，你也不会再有食欲了，哪怕你很饿。

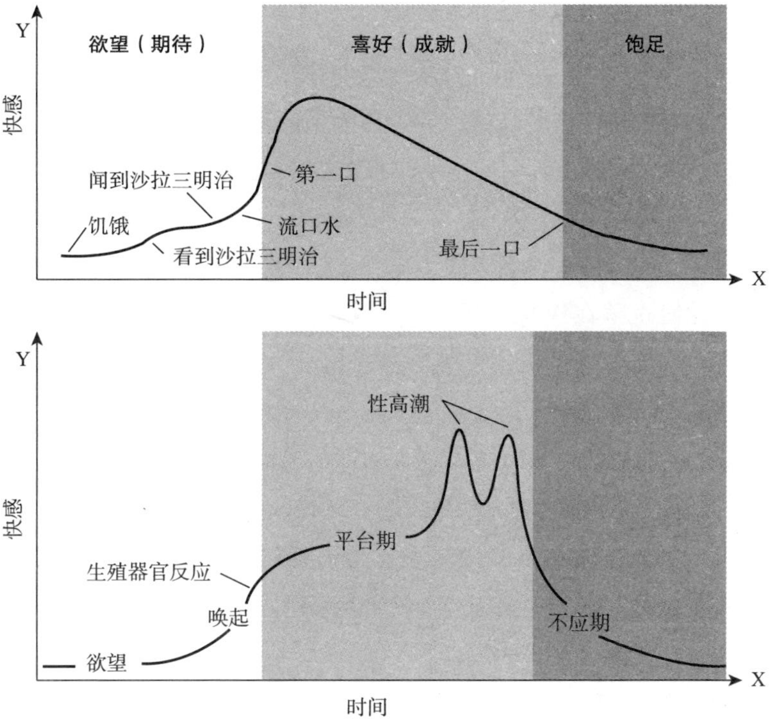

图 4-5　进食和性的快感图

资料来源：This figure is adapted and extended from J. R. Georgiadis, M. L. Kringelbach, and J. G. Pfaus, "Sex for fun: a synthesis of human and animal neurobiology," *Nature Reviews Urology* 9 (2012): 486-98, with permission of Nature Publishing Group.

接下来是喜好阶段，此时快感会达到峰值。咬下第一口会带给人喷射般的快感，之后每咬下一口，快感也会随之减少。部分原因是你已经逐渐习惯了食物的气息、味道、口感和感觉。第一口相当新颖，以后的吞咬便逐渐熟悉了。过了一会儿，你开始对意识和潜意识的混合信号产生反应，信号告诉你，你的胃已经胀大了，你血液里的营养水平也提高了。于是便进入了饱足阶段，你不太可能再吃更多的沙拉三明治了，但新东西，如一杯果味冰糕，或许还是可以成功诱惑你。

接下来，我要将话题从食物上转移并提出一个观点，即性活动并不是人类体验中的一种独特形式。虽然它具有一定的独特性，但从很多方面来看，**性活动跟其他快感，如吃带来的快感，并没有太大的不同**。让我们对性做一番类似的叙述。在这里，我以一对男女为例，但其实具体的人物并不重要。

让我们想象一下，一位女士即将进入排卵期，这是她一个月里性欲最高涨的时刻。她此时正躺在沙发上看报纸，但却感觉情欲勃发、活力充沛。这时，她的心上人进门了。这位男士看上去很不错，充满活力，因为刚锻炼了身体，脸色还有些微微泛红。男士过来吻了这位女士一下，她可以闻到这位男士身体和头发的味道，感觉到他柔软的嘴唇掠过了自己的嘴唇。当这位女士意识到那位男士也欣然有意时，她便开始有了性唤起。

过程缓缓累积，身体渐渐绷紧，接着继续往下推进，之后达到高潮，有时是一次，有时是许多次。他们完事后，虽然余韵绵绵，但也不太可能立刻再次开始性行为，除非出现了不同寻常的情况，如其中一方建议试试某种他们一直想做，但从来没做过的性活动。

这一体验的快感变化情况如图 4-5 沙拉三明治图下方的曲线图所示，显然，进食和性这两者之间有着许多相似之处。在这两种情况下，内部状态，即饥饿和排卵期的性亢奋都能启动女士，让她对动人的场面、气味和声音产生反应；欲望阶段的渴求也都会由先天的固有反应和过去的体验所调节，因为这位女士可能会想起从前愉快的性接触。而且，伴随着身体不能自控的变化，如流口水和阴道润滑，她的欲望一直都会高涨。

在喜好阶段，我们发现两幅快感图存在一些分歧。通常，咬食物的第一口能带给你最大的愉悦，而第一下性抚摸却不然。大多数情况下，性抚摸要逐渐积累才能达到高潮，而高潮本身才是性行为中最愉悦的时刻。此外，性喜好中还存在更多的个体差异：你或许很快就可以达到高潮，可另一些人却只能慢慢地达到高潮，甚至完全不会有高潮。[15]或许，在一般情况下，你每次性交只能得到一次高潮，而另一些人却能有很多次高潮。一如前文所述，性行为偏好的个体差异非常大，并不仅限于抚摸的细节。此外，毫无疑问，**不管是进食还是性交，往往都会产生饱足感，而在特定的情况下，尤其是存在新奇诱惑的时候，人们又可以无视这种饱足感。**[16]

与性欲脱节的生殖器反应

所以拉尔夫那小子居然是对的：光是有了性想法，就可以启动生殖器的性反应。但这还不是故事的全貌。阴茎勃起和阴道润滑既可以是由大脑想到性时产生的信号所致，也可以是由对生殖器或生殖器周围区域的抚摸所致。大多数情况下，不管是有伴侣的性爱，还是一个人的自慰，性想法和对生殖器的抚摸都是相辅相成的，两者都会对生殖器的响应产生作用。但情况也并不总是如此。如果脊髓损伤中断了从大脑到生殖器的神经通路，那么性想法就无法引发勃起或润滑。然而，如果从生殖器或生殖器周围区域到脊髓的感官通路保持完好，那么脊髓的反射性通路就足以让触摸唤起勃起或润滑。哪怕当事人由于脊髓纤维受损，感觉不到这些触摸，也无法将触摸信息传递至大脑，情况也会是如此。[17]

男女的生殖器反应存在很大不同。在大多数情况下，男性只会在性唤起或者生殖器受到直接刺激（有时候也并非由于性，可能因为衣服的摩擦）时勃起。然而，当用卫生棉条大小的探针测量女性阴道的润滑度时，研究人员发现，那些并不被认为能造成性唤起的感官刺激，也常常能使女性的生殖器润滑。在一项研究中，当异性恋女性观看女女之间或男男之间（甚至是猩猩之间）的性交视频时，都产生了润滑反应，尽管她们报告称，在意识层面上，她们并未因这些视频而产生性唤起。同样，当女同性恋观看男女之间或男男之间性交的视频时，大多数也会产生润滑反应，即便她们同样报告称，自己并未因这些视频而产生性唤起。[18] 当然，我并不是假设，异性恋女性全都不会因男男、女女（甚至猩猩）之间的性交而产生性唤起，毫无疑问，最后实验也证明，许多女同性恋也会为男女、男男性交视频而感到兴奋。我想说的重点在于，平均而言，男性（无论是同性恋、异性恋还是双性恋）往往只会在面对自己认为有唤起作用的刺激时，才会勃起，相较而言，能使女性（无论是同性恋、异性恋还是双性恋）产生润滑反应的刺激的种类要广泛得多。性学研究人员梅雷迪斯·契弗斯（Meredith Chivers）和艾伦·拉安（Ellen Laan）都提出，对种类广泛的性刺激产生反射性阴道润滑是一种特定环境下的适应性反应，当阴道性交是快速的或是非自愿的时候，润滑能减少阴道损伤或感染的概率。二人推测，在人类进化史上的大部分时间段里，这或许都十分重要。

男性和女性都可能在没有性欲的时候产生生殖器反应。就男性而言，这种情况，即勃起持续几个小时甚至几天且不能为高潮所缓解的状态，叫作阴茎异常持续勃起症。它有可能是白血病、镰状细胞病和骨盆肿瘤等多种疾病带来的副作用。许多药物，包括用于治疗的，如某些抗抑郁药、血液稀释剂和用于治疗勃起功能障碍的药物，以及用于娱乐的，如可卡因和苯丙胺，也都有可能会导致阴茎异常持续勃起。伴随着阴茎异常勃起的持久勃起非常痛苦，但它通常与刺激阴茎以达到高潮的强烈冲动没有关系。

像阴茎异常持续勃起一样，女性的持续性生殖器唤起障碍（persistent genital arousal disorder，以下简称 PGAD）也会导致生殖器区域血管充血，并致使阴道润滑、阴唇和阴蒂肿胀。和阴茎异常持续勃起不一样，女性的 PGAD 与对触摸的敏感高度相关。衣物的摩擦，或汽车带来的振动，都会导致女性的骨盆产生刺痛感，有时甚至还会导致高潮。最令人不安的是，PGAD 往往令女性产生强烈的、不必要的自慰或以其他方式达到高潮的冲动。它跟性欲增强无关，反而更像是无法消除的可怕痒感。而性高潮只能非常短暂地缓解这一症状。患有 PGAD 的患者不喜欢自己的性感觉或性冲动，有些人会感到略微不安（毫无疑问，对这种病的报告太少了），也有人会因为无法享受正常的社交关系、无法照顾孩子或无法维持工作而感到极度的不安。在一些悲惨的极端案例中，患有 PGAD 的女性会被困在家里，并不断自慰。自杀的案例也偶有出现，如葛伦琴·莫兰内（Gretchen Molannen），在受 PGAD 折磨 16 年后，39 岁的她在佛罗里达州斯普林希尔的家中自杀了。去世前几个月，在接受《坦帕湾时报》（*Tampa Bay Times*）的采访时，她这样形容自己的日常生活：

性唤起从不停歇。它既不会减弱，也不会消退。一个呵欠就能直接导致你产生可怕的强烈冲动，就像你必须马上要再来上一次。所以，你只能继续下去。我的意思是，在最可怕的晚上，我会连续来上 50 次。我甚至没法停下来喝口水。你永远处在十分痛苦的状态下。你浸在汗水里。你身体的每一寸都饱受伤害。你的心脏跳得厉害……你必须忽视它，葛伦琴。你没有选择。现在停下来。让你的身体平静下来。很多时候，我尝试过这么做。我会在浴室里冲一个奖励性的淋浴。我受够了。现在，是时候清理干净，放轻松些了。我会看着镜子里的自己，结果它又来了。我躺在地板上哭泣。男人们不会懂。他们不在乎，他们竟然认为那很性感……我向男人们形容它时说："想象一次永远无法消退的勃起，整日整夜都是那种即将喷射的感觉，不管自慰多少次，哪怕你已经快把阴茎的皮肤给磨坏了。"[19]

PGAD 尚未找到定义明确的单一成因。在某些案例中，它是由外阴部或骨盆神经（或神经的分支）压迫所致，可以通过手术加以缓解。还有些案例跟影响骨盆内血液流动的血管问题相关。有一种名叫骶管囊肿（Tarlov cyst）的背根神经节囊肿常常会在女性中年时形成，而它在患有 PGAD 的女性身上十分常见，这在一定程度上暗示了两者之间存在因果关系。还有人提出，某些神经精神类药物会触发 PGAD，但也有人说，这些药物其实可缓解症状。有关这一主题的科学文献零散而令人困惑。PGAD 有时也会伴有不宁腿综合征，后者涉及一种类似的痒感，会让人强迫性地移动肢体，尤其是腿，目前我们对此同样知之甚少。迄今为止，我们还不知道，PGAD 是否跟生殖器部位皮肤的神经末梢变化相关；我们也不知道，受病症驱使而强迫性地达到高潮的女性，她们的大脑活动模式是怎样的。[20]

了解性高潮

有时候，越是熟悉的东西，越是难以描述。对此，我们不妨考虑一下到底什么是性高潮。从生理上讲，男女性高潮都会有如下表现：血压升高，骨盆和其他部位的肌肉不自主地收缩，心跳加速，产生强烈的快感，以及随之而来的满足感。但这是一种相当枯燥且缺乏诗意的临床描述。约翰·霍普金斯大学精神病学家约翰·曼尼（John Money）是性学研究的先驱人物，他和同事执笔撰写了高潮的定义，很好地捕捉到了高潮的超然性和生物性：[21]“（高潮是）性爱体验的顶峰，男女都主观地将之描述为一种情欲的狂喜和陶醉。它同时出现在大脑 / 心智和盆腔生殖器当中。”[22]

曼尼的描述突出了几个关键点：第一，性高潮是一种独特的体验，其触感形式不仅强烈，且在形式上也与其他触感大有不同；第二，实现性高潮最可靠和最典型的方法是，将由生殖器刺激产生的触摸信号经感觉神经传递到脊髓和大脑；第三，性高潮归根结底发生在大脑而不是生殖器中。

没有生殖器的参与，性高潮是否也能出现呢？绝对可以。[23]有些人，单靠触摸远离生殖器的皮肤，如乳头、脖子、嘴巴，甚至完全与性无关的区域，如鼻子和膝盖等，便可达到性高潮。[24] 当然，男女都可通过刺激肛门和直肠达到高潮，但如我们之前讨论的那样，这可能是由于生殖器和生殖器周围区域之间的串扰（见图 4-3）。在极少数情况下，甚至连抚摸都可有可无。有些人能光靠想，或是光通过程式化的呼吸，就达到性高潮。此外，在生殖器并不与床上用品接触的情况下，性高潮也可以出现在睡眠当中。脊髓彻底损伤的人，虽然完全无法感觉到自己的骨盆区域，但却报告说自己在做梦时仿佛达到了出现在生殖器部位的性高潮。[25]

性高潮：大脑对我们开的一个玩笑

一群男女受邀用一段话来描写自己的性高潮。之后，这段话经过剪辑，消除一切有可能暴露执笔人性别的字词线索（如阴茎或阴道等）后，由研究人员交给由医学生、心理学家和妇科医生组成的评审团进行分析，结果表明，仅根据这些对男女性高潮的描述，是无法分辨出性别的。[26] 但男女两性的性高潮，的确存在一些重要的差异。平均来说，如果用能够检测直肠肌肉不自主收缩的感受器来测量的话，女性性高潮的时间比男性的要长，女性的时间约为 25 秒，男性则约为 15 秒。而且，女性也更容易在一次性接触中，达到多次性高潮。

西格蒙德·弗洛伊德曾断言，尽管年轻女性或许可以通过刺激阴蒂达到高潮，可成熟的女性只有在阴道而不是阴蒂得到刺激时才会产生高潮。他的这个概念，并不以阴道、阴蒂或相关的支配神经解剖或生理测量为基础。相反，他想要的只是构建一个概念，即男人的阴茎抽插对女人的性满足至关重要。可大多数女性都知道，无论是年轻还是成熟，也无论刺激是来自自慰还是伴侣，刺激外部阴蒂，都是实现高潮最可靠的途径。这并不奇怪。一如我们所讨论的，外阴蒂高度密集的游离神经末梢和生殖终球，与其在性感觉里扮演的特殊角色是相一致的。

多年以后，反对弗洛伊德“阴道高潮”的声浪开始日趋高涨，至1970年女性主义学者安妮·科迪特（Anne Koedt）出版《阴道高潮的神话》（*The Myth of the Vaginal Orgasm*）时达到巅峰。[27] 至此，思想的钟摆又远远地晃到了另一边。

科迪特和另一些人声称，阴蒂是能够传递女性性感觉从而引发性高潮的唯一结构。科迪特引用了性学研究人员阿尔弗雷德·金赛（Alfred Kinsey）的说法：“阴道和其他所有人体内部结构一样，其配备的触觉末梢器官极少。”[28] 然而，这是不正确的。

虽然阴道壁和子宫颈的支配神经密度的确要比外部阴蒂低得多，但这些区域也会传递明显的感觉信息。有针对性地刺激阴道壁、子宫颈以及阴唇、会阴、肛门和直肠，可以产生能被清楚检测到的感觉，并令大脑体感皮层被局部激活（见图4-4）。此外，我们现在有了更好的阴蒂解剖学认识。作为阴蒂头组成部分的外阴蒂仅仅是“冰山一角”。阴蒂的较深部分具有一个分叉形状，有两个球体包围着尿道和阴道前壁（见图4-6）。所以，刺激阴道前壁（腹侧）也能激活阴蒂球体里的感觉神经末梢。[29]

证明存在不牵涉阴蒂的、纯粹的阴道高潮的最有力的证据，或许来自脊髓完全横断的女性。对这些女性而言，阴部神经所传递的阴蒂触摸信号，包括外部和内部深处的触摸信号是无法抵达大脑的，故而大脑无法获得感知。这类女性里有一些人，经研究发现，是可以通过刺激子宫颈实现性高潮的[30]，这也许靠的是她的残存的、连接大脑的迷走神经通路（见图4-3）。这一发现虽有力地证明了子宫颈性感觉的存在，但它并未解答这一感觉在正常女性的性高潮里扮演了什么角色。

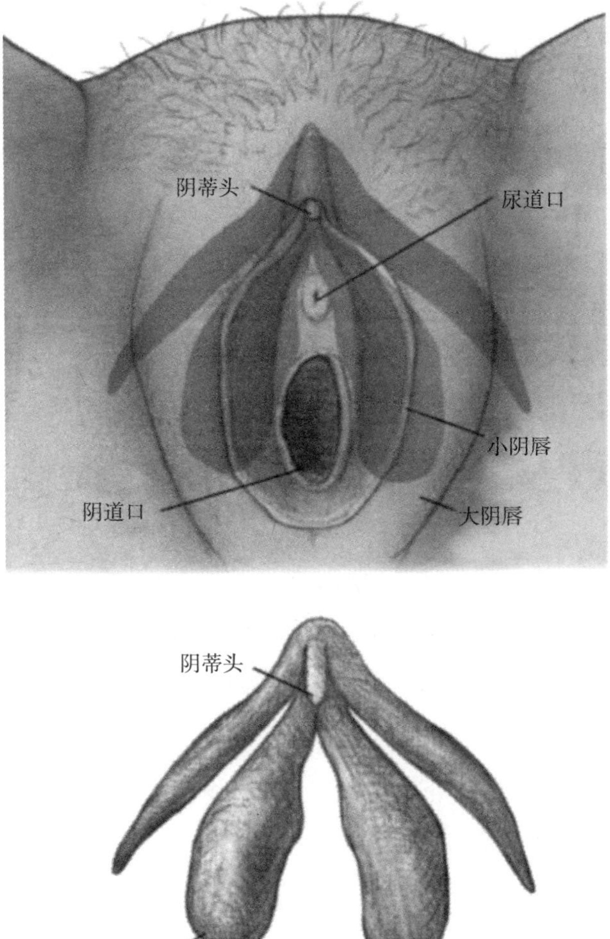

图 4-6　阴蒂与尿道、阴道相对位置的解剖图

注：上图：阴蒂（阴蒂头）的外部是整个阴影结构中的一小部分。重要的是，阴蒂底部与阴道前壁相接触。下图：本图去除了其他部位，以便清晰展示整个阴蒂的形状。有一种名叫扁平苔藓的慢性皮肤炎症，有时会让阴蒂的包皮与周围的小阴唇融合在一起，从而完全覆盖住外阴蒂（小阴唇的类似融合，还有可能部分或完全地阻塞阴道口）。即使外阴蒂被皮肤覆盖，大多数患有扁平苔藓的女性仍然可以通过间接的阴蒂刺激达到高潮。[31]

资料来源：©2013 Joan M. K. Tycko.

尽管阴道高潮作为一个独特的非阴蒂生理学现象的存在，仍然是人们争论的焦点[32]，但有几个点现在已经有了定论。阴蒂在通过阴部神经触发性高潮中扮演了特殊的角色，刺激外阴蒂（感觉神经的密度最高）可以最有效地达到性高潮。阴道抽插，如假阳具游戏、手动刺激或阴茎—阴道性交，这些都可以通过阴道壁来激活阴蒂底部的触觉感受器，同时，它们也能激活阴道壁本身以及子宫颈里的触觉感受器。由此发出的信号会通过不同的感觉神经，即骨盆神经、腹下神经和迷走神经传送到脊髓。这些神经还可携带来自生殖器周围区域，如会阴、直肠和肛门的信号。来自所有这些源头的触摸信号，都能促成性高潮。

由不同女性报告的性高潮体验存在着很大的个体差异。一些人认为，性高潮差不多都一样；另一些人则报告说，性刺激的不同细节，如是否有阴茎插入，是否伴随着胸部刺激，会使性高潮的感觉有质的不同，比如，那种感觉，是集中的还是分散的，是痉挛还是颤动。而且，认知和经验因素也很重要。我在大学里认识的一位女性说，只有当男人穿着网眼内衣时，她才能达到高潮。若说这个特殊情欲要求的基础存在于她皮肤神经末梢的结构布局中，似乎也不大可能。在互联网上随意搜索一下，就能知道，男女两性对性高潮的要求都有着近乎无穷的变化，内容涉及幻想、角色扮演、服装，等等，大部分都跟触觉毫无关系。

一般来说，不管是自慰还是有伴侣的性活动，男性都报告了比女性更多的真实性高潮。这不禁让人想起了一个流行的观念，即认为女性体验到的是来自骨盆不同部位、复杂混合后的感觉，而男性的性感觉却只来自阴茎，并不会有什么变化。然而，情况并非如此。一如外阴蒂在女性的性高潮中扮演着特殊的角色，阴茎，尤其是龟头的无毛皮肤，无疑虽然是男性性高潮最可靠的触发部位，但男性骨盆的其他区域对此同样有贡献。彻底切除前列腺，在最佳情况下，可保留勃起、尿道控制和高潮，只是不再有射精，故而当事人只有“干高潮”

（dry orgasms）。[33] 一项小调查显示，接受了前列腺彻底切除手术但仍有高潮的男性都报告说，他们无法再体会到高潮到来之前那种“没有回头路”的强烈的必然感。[34] 来自阴囊、睾丸、会阴、肛门和直肠的信号，也都对男性的性高潮有贡献，因为它们也可能对性高潮的时机与质量（深层对表面，悸动对流动）方面造成影响。

别在高潮时做决策

大脑有一条很早就进化出来的专用愉悦回路。这条回路很复杂，但其核心在于中脑的腹侧被盖区的激活，以及由此而来的、多个腹侧被盖区轴突目标脑区（最主要的是伏隔核和背侧纹状体）中神经递质多巴胺的释放。当我们饿了的时候，享用美味的食物可激活这一利用多巴胺的愉悦回路；当我们产生性高潮时，这一回路也会被激活。道理很简单：让人持续生存下来的行为，如吃东西、喝水和性交都可激活该回路，以便确保我们的基因能被传到下一代。许多精神类药物，包括酒精、尼古丁、可卡因、苯丙胺和海洛因，也都可以起到人为地激活大脑的这条愉悦回路的作用。

然而，我们知道，性高潮体验比单纯的愉悦感更为复杂。为了帮助理解“性福”的主观体验，不妨来观察一下性高潮期间大脑活动的完整模式。在相关实验里，男女被试把头放置在大脑扫描仪上，并经伴侣用手刺激而达到高潮。科学家们则拿着写字夹板站在房间里，努力不让大家感觉过于难堪。通过这种方式，人们可以比较 3 种刺激条件，即无刺激、高潮前的生殖器刺激和高潮中的生殖器刺激。[35]

在生殖器刺激和高潮期间，男女大脑的激活模式基本相同。当生殖器受到刺激但高潮还没有出现时，在初级体感皮层上可观察到若干被激活区块：一块出现在连续的身体映射脑图中，另一块出现在靠近中央后回、表征脚趾的区域附近。在高级体感处理区域，如次级体感皮层的身体映射脑图中的相应部位，我们也可以观察到额外的激活区块。随着生殖器刺激持续进行，人们会看到杏仁核的活动趋于减少，而这个区域专门是用于处理与恐惧相关的情绪信号的。[36] 对此发现的解释是，持续的生殖器刺激与恐惧的减少相关，故而也意味着此时人会对潜在的威胁丧失警惕，换句话说就是会放松。

当性高潮出现时，除了体感皮层的激活和杏仁核的失活，我们还发现，愉悦回路的关键区域，即腹侧被盖区、伏隔核和背侧纹状体也被激活了。另一个激活区域是参与运动协调以及特定方面的情绪认知的小脑顶核。小脑顶核的激活可能与性高潮期间身体不由自主地推进、扭动，以及面部表情的失控有关。当达到性高潮时，某些脑区也会失活。**这些脑区包括横向眶额皮层和前颞极，它们与做出深思熟虑的决策、自我控制、道德选择和社会评价有关。**显然，性高潮的那一刻，恐怕不适合你对自己的人生做出审慎决策，因为许多与这一功能有关的极为重要的脑区都暂时停机了。

由于大部分大脑扫描仪器的时间精度很差，于是它们只能把数秒过程中发生的活动平均分配。因此，在刺激生殖器和高潮期间，我们对大脑区域激活及失活的时间进程还缺乏详细的认识。可以推测出，对生殖器中触摸感受器的刺激，可以激活体感映射图中的生殖器区域。但除此之外的详细情况就不清楚了。可能的情况是，当在合适条件下被反复刺激时，体感皮层中表征生殖器的区域也会发送信号，从而激活腹侧被盖区，并令杏仁核和横向眶额皮层等区域失活。迄今为止，对于高潮期间大脑各区域的信号流动情况，我们的认识还十分有限。

神奇的是，当我们达到性高潮的时候，那感觉就像是一个超然、统一的时刻，而不是若干毫不相关的独立感觉的集合。我们体验到的性高潮，在性质上是快乐的，在情绪上是积极的。何以如此呢？要是简单地概述一下大脑扫描仪所得的结果，那么我们便可得到一个类似食谱一样的东西。

性高潮由如下配料混合而成：

生殖器触觉（体感皮层）激活

恐惧和警惕（杏仁核）失活

愉悦回路（腹侧被盖区、伏隔核、背侧纹状体）激活

运动控制中心（小脑顶核）激活

参与慢速决策的区域（横向眶额皮层和前颞极）失活

供应人数：1 人

如果这真的是性高潮的食谱，那么，我们不妨做一个天马行空的思想实验。在实验中，如果人为地激活或失活大脑的上述联动区域，能有效地模拟出性高潮吗？对此我们并不清楚。我们做过的最与此类似的便是一次自然实验：有些人在自己癫痫发作时会产生性高潮。[37] 癫痫发作不太可能产生性高潮食谱里包括的那些特定的激活或失活模式，因此，自然地，那些有过这类体验的癫痫患者指出，因癫痫唤起的性高潮和因性活动带来的性高潮之间是存在区别的。例如，性活动带来性高潮时因杏仁核和决策皮层区域失活所导致的警觉及认知暂停，不太可能出现在癫痫诱发的性高潮里。

癫痫诱发的性感觉也并不完全一样。如果癫痫发作仅限于顶叶，那么它们能带来生殖器和生殖器周围区域的触感，但并不能带来符合性高潮特点的激烈快感。如果癫痫发作仅限于中脑 / 颞叶区域，虽然它们也可以带来一波快感，但这种快感并不专门以生殖器或者触觉为焦点，它更像是鸦片类药物带来的那种弥散式的快感冲击。只有当顶叶的体感皮层和中脑 / 颞叶愉悦回路一起被激活时，癫痫才能带来与自然性高潮类似的感觉。

尽管我们对性高潮的体验从本质上来看是愉悦的，但它们其实也只是大脑借由诸多脑区的同步活跃而对我们开的一个玩笑。

性高潮可被分解为诸多组成部分。生殖器触摸的特别感觉虽是经体感皮层调节的，但它本身并不是快感，因为它没有情绪效价（emotional valence）。只有当腹侧被盖区的多巴胺神经元被激活时，那种愉悦感才会出现。伴随性高潮的放松、警惕丧失以及认知抑制，其实是由其各自区域的失活效应所导致的。

了不起的地方在于，我们不用去考虑所有这些产生性高潮的不同组成部分，我们只要好好享受大脑烹饪出来的、有着统一感受的大餐就好。

TOUCH

The Science of Hand, Heart, and Mind

05

皮肤的不同感觉，也许来自大脑对你的「欺骗」

我们是否一直在被自己的皮肤“欺骗”?

我们所感觉到的温度是否都是身体有意为之的结果?

在这一点上，我们和动物又有多大区别?

有这样一个计划：我给你一个装满了密封塑胶袋的大背包，一些袋里装的是新鲜的薄荷叶，另一些装的是多汁的黄灯笼哈瓦那辣椒。你还将得到一个写字夹板、一支铅笔、一双袜子，以及一张环游世界的机票。你的任务是环游世界，去参观从大城市到最偏远的丛林营地等各式各样的地方。在每一个地方，你都要寻找各种各样的人，无论是年轻的、年老的，富有的、贫穷的。接着，你要把切碎的薄荷叶或是切成块的辣椒在他们皮肤上擦拭，并请他们描述自己的感觉，同时将其记录下来。试着把样品放到他的嘴唇的无毛皮肤和前臂的有毛皮肤上。不必让它们接触舌头。

如果你在我居住的巴尔的摩开展这一调查，你会发现，不管是在嘴唇上还是在前臂上，人们用来形容哈瓦那辣椒带来的触觉体验的词，大多数都会是“火热”（hot）；而对薄荷，则是“清凉”（cool）。这只是个简单的口头说法吗？毕竟，如果我们用温度计测量薄荷或辣椒的实际温度，我们会发现，它们其实并不热，也不凉。再者，巴尔的摩人和其他许多地方的人一样，也经常把这两个词的引申含义用来形容时髦，如“特斯拉跑车看起来很酷（cool）”，或者用在性吸引力方面,如“那个小妞身材可真够火辣的（hot）”。用“酷”来表示“时髦”和用“火辣”来表示“具有性吸引力”，这是特定时代、特定地区出现的特定用法,莎士比亚时代的人似乎就并不使用这两种说法。难道“火热的辣椒”和“清凉的薄荷”也属于地方性的、由文化构建的比喻性说法吗？还是说，它们反映了一些更深层次的生物学现实？如果它们只是由一种文化构建的，那么，在你开展世界范围内的调查时，你大概会找到一些人，他们并不用火热，也不用清凉来分别形容辣椒和薄荷带给自己的触觉感受。

然而，如果你的调查显示，这种语言上的用法是普遍存在的，那么是否能够证明“火热的辣椒”和“清凉的薄荷”是基于生物学基础上的比喻呢？也不一定。让我来当个坏人吧。可以这么设想，经过多年的大范围沟通交流，源自一个地方的“火热辣椒”和“清凉薄荷”的概念，通过文化交流传播到了世界各地。不同品种的薄荷广泛分布在各个地理位置，而辣椒的原产地是南美，在欧洲殖民之前，最远只传到过中美洲和加勒比地区。哥伦布从新大陆回来之前，欧亚非三块大陆都不知道辣椒的存在。不久之后，欧洲列强，以西班牙和葡萄牙为主，把辣椒又传播到了其他的殖民地。估计你很难想象，在16世纪之前，印度和泰国等地的食物里都没有火热的辣椒。[1]现在地球上是否还有地方没被引入辣椒，目前还不太清楚。[2]所以，为了真正恰当地展开这一调查，你最好还是搭乘时光穿梭机回到某地，比如说回到15世纪的泰国，试试这个“薄荷/辣椒问卷”。

据我所知，还没有人开展过这种类型的民族志学调查，更别提时间旅行了，但是从生物学的角度来看，我们可以预测调查的结果。从触觉生物学知识入手,我们可以预测,全世界几乎所有人都会用“火热”来形容辣椒,用“清凉”来形容薄荷，哪怕当事人是第一次体验到这样的触感，且此前从未听其他人有过类似的描述。“清凉薄荷”和“火热辣椒”的比喻，似乎真的是先天固有的。

我们生来就知“火热”与“清凉”

薄荷的主要有效成分是薄荷醇，辣椒的主要有效成分则是名为辣椒素的化学物质。不那么辣的辣椒，如加州鲜椒（Anaheim），其辣椒素含量较低，而特别辣的辣椒，如鬼椒（Bhut Jolokia pepper），则可以产生 1 000 倍以上的辣感。[3] 那么，为什么我们从生物学上倾向于认为薄荷醇是清凉的，而辣椒素是火热的呢？一种可能是，皮肤中有一类神经末梢，能够感觉到清凉，而另一类神经末梢则能响应薄荷醇。这两种不同的神经纤维所传递的信号，也许最终会在大脑里汇聚到一起，让我们感觉薄荷和清凉是对应的；也许是因为它们能激活专门针对清凉感的同一块脑区。与此类似，感应火热和辣椒素的不同神经纤维可能最终也都会把自己的脉冲发送到对热敏感的脑区。

不过，这一建立在体感皮层信号汇聚之上的假设，尽管看上去合理且有说服力，但其实错得离谱。我们为何知道那是错的呢？首先，我们可以分别记录手臂中对热和辣椒素，以及对薄荷醇和清凉都有所响应的单感觉神经纤维的电信号。这表明，早在信号到达大脑之前，支配皮肤的神经元里就有了温度信号和化学信号。我们还有分子上的证据。皮肤表皮层有一种游离神经末梢（见图 2-3），其外膜里包含有名叫 TRPV1 的感受器。这是一种蛋白质分子，它可以打开一条离子通道，即一个能让正离子进入的小孔，可令感觉神经元点燃电尖峰，进而同时响应火热和辣椒素。同理，另外一些游离神经末梢也包含有不同的感受器，名叫 TRPM8，它可以同时响应薄荷醇和清凉。故此，前文谜题的答案是，**那种特定的比喻并非来自文化构建，甚至也不是来自大脑区域，而是被编码在皮肤神经末梢的感受器分子里的**。

这个分子层面的比喻是如何发展起来的呢？ TRPV1 和 TRPM8 这样的温度感受器是如何变得对辣椒素和薄荷醇这类植物敏感的呢？虽然我们无法确切地知道，是何种进化事件导致了这两种双功能感受器的出现，不过，最合理的猜测是，

TRPV1 和 TRPM8 最先是从一些动物身上演化出的温度感受器，而某些植物随后才发展出了能激活它们的化合物，以防止自己被吃掉。产生薄荷醇和辣椒素的植物由此便具有了生存和繁殖的优势，在该物种的种群里也变得更为普遍。如果真是这样的话，那么就是植物而非动物的进化最初驱动了感受器双功能特性的出现。

加州大学的大卫·朱利叶斯（David Julius）和同事们研究了 TRPV1 和 TRPM8 的分子特性。他们利用基因技术，强迫培养皿里的肾细胞或蛙卵产生大量的 TRPV1 或 TRPM8，同时在这些感受器受刺激时，记录下穿过细胞膜的电信号。[4] 这些研究揭示了上述分子的特点，而这些特点也解释了我们日常触觉体验的多个方面。例如，桉树油中含有的名为桉油精的物质，和薄荷醇一样，也能够激活 TRPM8，让我们产生清凉的感觉。这就是为什么桉树提取物往往会用在舒缓的护肤霜、漱口水和润喉糖里。[5]

TRP 的功能对我们夏天在海滩上的体验也有影响。如果你晒太阳晒得太久，就会被晒伤，由此也会引发皮肤一连串的炎症过程，包括产生名为前列腺素和缓激肽的化合物。这些化学物质具有降低 TRPV1 激活温度阈值的特点。故此，当你从海滩回家，走进浴室去冲洗身上残留的沙子和防晒霜时，你通常选用的那种合适的水温此刻却会让你感觉太烫，所以你必须降低水温，才能避免产生痛苦的烧灼感。[6]

另一个例子来自你家后院的喂鸟器。尽管哺乳动物都具有能被辣椒素和热度同时激活的标准形式的 TRPV1，但鸟类对辣椒素却完全无感，因为它们完全无法检测到辣椒素的存在。因而，观鸟爱好者往往会在喂鸟器里混上大量的辣椒，以避免松鼠、浣熊和其他哺乳动物吃掉鸟粮，这同时也可保证鸟类不受影响。研究人员将从鸟身上提取的 TRPV1 基因放置在肾细胞中表达发现，鸟类身上的变异 TPRV1 只会对热度产生响应，而不会响应辣椒素。研究鸟类的 DNA 序列，可以准确地发现，位于细胞外膜内侧、与辣椒素结合的必要位置所发生的变化。[7] 有趣的是，辣椒植物和鸟类似乎达到了一个进化平衡点。哺乳动物在吃辣椒时，往往会用臼齿破坏种子，而鸟类没有臼齿，因此大部分种子可以原封不动地通过其消化系统。当鸟类排便时，这些辣椒种子便可被传播到新的地方。这对鸟类和辣椒来说，是个双赢局面。[8]

亟待发现的热度感受器

在初步识别出 TRPV1 的几年后，几个研究小组利用基因工程技术，繁殖出了没有 TRPV1 的实验用鼠，并检测其对辣椒素和热度的响应。这些突变老鼠对辣椒素完全没有任何行为响应和电响应。不过，虽然它们对热度的响应也减弱了，但并未完全消失。例如，把它们的尾巴放到 122 ℉（50℃）的热水里，它们最终还是会将尾巴弹开，但花的时间却要比正常老鼠长 4 倍。同样，变异老鼠促进热度感应的发炎能力也有所减弱，但也并未彻底消失。[9] 这些结果表明，除了 TRPV1，还有其他热度感受器。

起初，好像有一个令人满意的解释可供使用。人们识别出了一系列的热敏 TRPV 通道（TRPV4 和 TRPV3），当其在培养皿的肾细胞中被表达时，所响应的温度范围要低于 TRPV1；相反，TRPV2 响应的极端高温，即大于 125 ℉（51.7℃），却要远高于 TRPV1 的阈值。以这种方式，**不同 TRPV 通道能在不同的阈值下被连续激活，使我们得以检测现实生活中皮肤感受到的温度范围，即从微温、温热，到热，再到烫**（图 5-1）。除了能在游离感觉神经末梢里被表达外，在角质细胞（表皮里的主要细胞类型，游离神经末梢终止的地方）中也发现了 TRPV3 和 TRPV4。这表明，相邻的皮肤细胞或许也有助于神经末梢检测和缓的热度。TRPV3 是和缓热度的检测器之一，其也可由大量辣椒类植物的化合物激活，包括樟脑、肉豆蔻、肉桂、牛至、丁香和月桂叶，这其中有一些能让人产生温暖的感觉。当我还是个孩子时，就特别喜欢吃一种肉桂味的糖果。

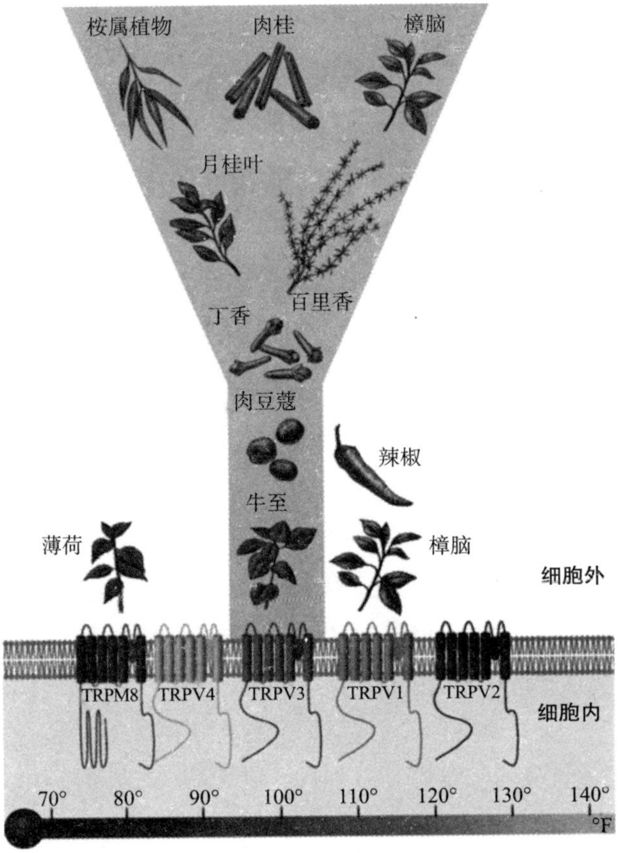

图 5-1 TRP 感受器家族与刺激性化学物质

注：对温度敏感的 TRP 感受器家族可对冷、热和植物中可见的不同刺激性化学物质产生响应。图中，顺着温度计显示了每一种 TRP 感受器开始响应（相对于皮肤温度变冷、变热）的温度。请记住，身体的核心温度约为 99 ℉（37℃），皮肤表皮层的温度约为 90 ℉（32℃）。虽然 TRP 感受器并不一样，但都具有某些特性：它们都能穿透细胞膜 6 次，都有着浸泡细胞膜以形成离子通道的环形结构。图中每种 TRP 感受器都绘制出了整体的分子结构。值得注意的是，所有的 TRP 感受器，其温度激活点均非清晰的阈值——不同细胞之间的变数很多。

资料来源：Adapted from L. Vay, C. Gu, and P. A. McNaughton, “The thermo-TRP ion channel family: properties and therapeutic implications,” *British Journal of Pharmacology* 165 (2012): 787-801, with permission of the publisher, Wiley.

根据图 5-1，我们可以清晰地预测：TRPV4 和 TRPV3 应该是检测温和温度的，而 TRPV2 则是专门针对极端热度的。将它们放到一起，如果 TRPV1 基因被删除，或者说有药物阻止了 TRPV1 蛋白发挥作用，那么另外的 3 种 TRP 感受器则应当是残存的、感知热度的所在。出人意料的是，没有 TRPV3、TRPV4 或 TRPV2（不管是缺一种或缺多种）的突变老鼠，在大量任务中都没有表现出明显的热度感知缺陷。实验结果有力地表明，**皮肤上应该还有更多我们没有识别出来的热度探测器，甚至有可能它们并不属于 TRPV 基因家族的分子。**[10]

同样令人困扰的局面也出现在冷度感知中。用遗传工程培育出的没有 TRPM8 的老鼠，它们对施加在皮肤上的薄荷醇和桉油表现出了彻底的响应丧失，对温和冷度的响应也有所降低。关键是，虽然它们对 77 ℉（25℃）以下的温和冷度的响应大幅降低了，但对 58 ℉（14℃）以下的严寒的响应却仍旧正常。[11] 和没有 TRPV1 而导致的热度感应局部缺失的情形相同，这一结果也表明，必然还有另外的冷度（尤其是严寒）分子感受器尚待发现。[12]

切洋葱时为什么会落泪

当搽在皮肤上时，薄荷的感觉是清凉，辣椒的感觉则是火热，那么山葵，或者它的日本表亲芥末会带来什么样的感觉呢？那种感觉，不完全是火热，反而更像是温暖的刺激。芥末、山葵和黄芥菜都包含一种名为异硫氰酸烯丙酯（allyl isothiocyanate，编写为 AITC）、能激活 TRP 家族里另一种名为 TRPA1 的感受器的化学物质。[13] 另一些能激活 TRPA1 的化学物质包括大蒜素和二烯丙基二硫化物（diallyl disulfide，编写为 DADS），大蒜和洋葱涂在皮肤上带给人的感觉就是这些化合物作用的效果。激活角膜里的 TRPA1，也会催人泪下（见图 5-2）。[14]

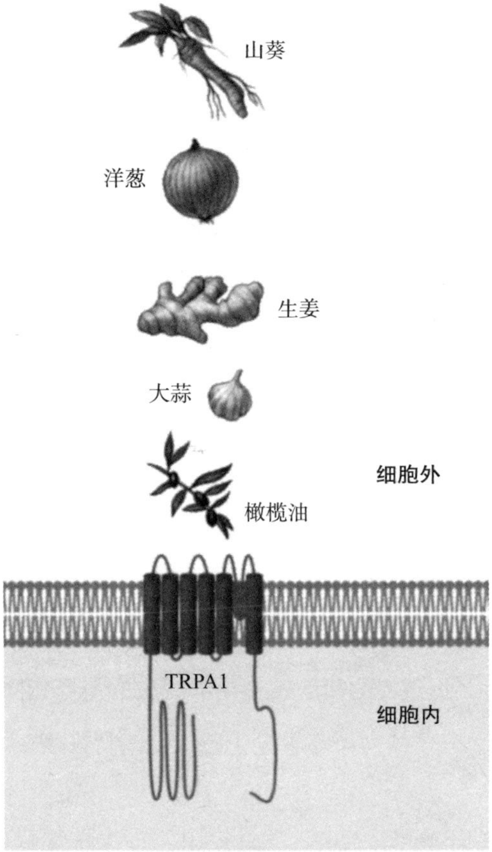

图 5-2 TRPA1 感受器与刺激性化合物

注：TRPA1 感受器的名字有点怪，叫作芥末感受器，来自植物（主要是芥末、山葵和黄芥菜）的多种刺激性化合物都可激活它，还有来自洋葱和大蒜等结构类似的产物，以及结构完全不同的、存在于初榨橄榄油中的化合物橄榄油刺激醛（oleocanthol）也可激活它。有趣的是，几个不同家族的植物，尤其是芥末 / 山葵 / 芥菜科（称为十字花科），洋葱 / 大蒜 / 韭葱 / 葱科（称为葱亚科），都独立进化出了能激活 TRPA1 的化学物质——大概是为了减少被食用的概率，尽管这些化合物也有抗微生物的特点。

资料来源：Adapted from L. Vay, C. Gu, and P. A. McNaughton, "The thermo-TRP ion channel family: properties and therapeutic implications," *British Journal of Pharmacology* 165 (2012): 787-801, with permission of the publisher, Wiley.

20世纪80年代，我住在芝加哥，霍尔斯特德街上有家很棒的意大利酒吧，为酒客提供蒸大蒜，你可以将其抹在硬皮面包上，就着莫雷蒂啤酒一起享用。这道菜的做法是，轻轻剥掉大蒜的部分纸质外皮，把整颗大蒜的球状根茎完全蒸熟后，再把大蒜对半切开，食客可以用一把特殊的小刀，从每一半里舀出软软的蒜肉。厨师们早就知道，大蒜和洋葱的辛辣化学物（也就是刺激皮肤和眼睛的那种），只有在球茎切开或切碎时才会释放出来。如果球茎完整，产生大蒜素和相关刺激性化合物的酶，就会封禁在植物细胞内的特殊隔室里，而无法进行酶作用。高温烹饪也会令大蒜素和酶作用物部分退化。也就是说，烹饪完整的洋葱或大蒜球茎，只会产生低浓度的TRPA1活性刺激化合物，而这对眼睛和皮肤的刺激很小，最多只可作为一道温和美味的开胃菜。[15, 16]

花椒带来的神奇刺麻感

花椒树，也叫作舌痒痒树或者牙痛树，因为摄入它的汁液或浆果后，会产生酥麻的刺痛感。花椒的浆果，也叫四川花椒粒（Szechuan peppercorns），事实上正是因为其能为中国的辛辣菜肴带来刺麻感，所以才备受人们珍视。这种刺麻感，表明感觉神经元之间存在互动。在东亚和北美，花椒制品还被民间用作麻醉剂或止痛剂。花椒的活性成分是一种叫作羟基-α-山椒素的化学物质。考虑到其他植物化合物对支配皮肤的感觉神经元的作用，看似恰当的猜想是，羟基-α-山椒素激活了这些细胞中的某类TRP通道。然而，实际情况并非如此。羟基-α-山椒素是以阻断双孔钾通道这一离子通道，来激活感觉神经元的。通常而言，这类通道允许正离子从神经元里缓慢泄出，因此，如果通道受阻，那么正电荷就会在细胞内迅速积聚，最终导致神经元点燃尖峰，将信号发送到大脑。会由花椒制剂激活的神经元包括C类触觉纤维（传达轻微的愉悦抚摸），爱抚感受器和迈斯纳纤维（传递中等频率的振动）。为什么它们被激活后会产生刺麻感，目前尚未完全弄清原因。[17]

鼻叶：吸血蝙蝠寻找猎物的“夜视镜”

吸血蝙蝠很有趣，倒不光是因为它们在恐怖电影里总是扮演着神奇的角色。[18]我们在前面概略地讨论过它们会用社交理毛行为以求分享血餐（第1章），现在让我们来看看它们在进食方面的触觉专长。吸血蝙蝠享有一个独特的生态位：它们是唯一已知的、完全靠恒温动物（其他哺乳动物和鸟类）的血液作为食物供给的哺乳动物。有些品种的蝙蝠还会吃昆虫或水果，但吸血蝙蝠只能摄入液体，而且宁肯饿死也无法摄入非血液食物。吸血蝙蝠会在飞行中选择目标猎物，且通常会落在猎物的背部或者颈部的隆起位置。之后，它们会着手寻找合适的位置并谨慎地叮咬，一次大约会吸取两茶匙的血。它们要找的是一个毛发不太多、皮毛不太厚，且血管靠近皮肤表面的位置。吸血蝙蝠远距离探测热度的能力在寻找被掩埋的血管的时候会被派上很大的用场。波恩大学的路德维希·肯腾（Ludwig Kürten）和乌韦·施密特（Uwe Schmidt）把吸血蝙蝠带进了实验室，发现它们能从大约15厘米开外的地方检测到来自活人皮肤的红外辐射。[19]

许多品种的蝙蝠都具有一种名为鼻叶的面部结构，据认为这是蝙蝠用来对猎物进行回声定位的辅助工具，但只有吸血蝙蝠的鼻叶周围，一圈环绕着3个鼻窝（见图5-3）。鼻窝的皮肤很薄，无毛、无汗腺，是容纳红外感受器的理想位置。鼻窝通过一层致密的、充当隔热绝缘体的结缔组织，跟面部周围的其他部位分隔开来。鼻窝的温度大约是84 ℉（28.9℃），比周围皮肤的99 ℉（37.2℃）都明显要更凉。这样一来，鼻窝里的热度感受器就能区分猎物的热度和蝙蝠自己脸部的热度。

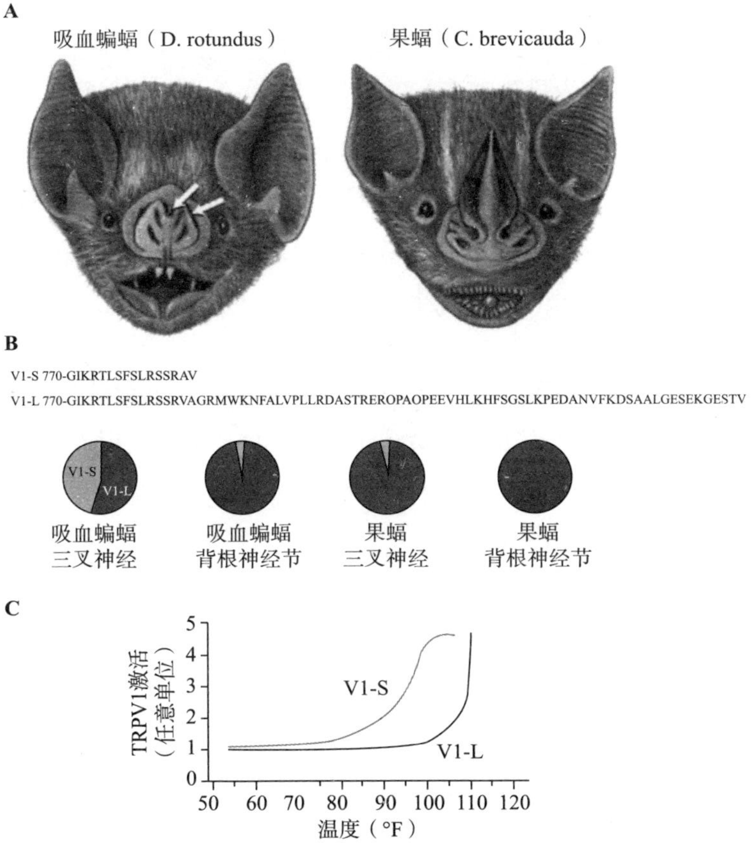

图 5-3　吸血蝙蝠的 TRPV1

注：被修正的 TRPV1 的超敏感形式令吸血蝙蝠可以探测红外线辐射。（A）可检测红外辐射的吸血蝙蝠有鼻窝（箭头示意处），不能检测红外辐射的果蝠没有鼻窝。（B）TRPV1 的两种结合形式的羧基尾端氨基酸序列，超热敏短型和常热敏长型。短型在吸血蝙蝠支配面部（包括鼻窝）的三叉神经节里高度表达，但在支配躯体的背根神经节里无表达。（C）对在培养皿中生长的肾细胞进行人为表达时，TRPV1 的超敏短型序列在 86 ℉（30℃）时便会被激活，长型序列则只在 109 ℉（42.8℃）以上时才会被激活。

资料来源：Adapted from E. O. Gracheva, J. F. Cordero-Morales, J. A. Gonzales-Carcacia, N. T. Ingolia, C. Manno, C. I. Aranguren, J. S. Weissman, and D. Julius, “Ganglion-specific splicing of TRPV1 underlies infrared sensation in vampire bats,” *Nature* 476 (2011): 88-91, with permission of Nature Publishing Group.

那么，吸血蝙蝠是用什么感受器来检测红外辐射的呢？我们已经知道，人类和老鼠的 TRPV1 可以检测高于 109 ℉（42.8℃）的温度，但很明显，它还不够敏感。为识别吸血蝙蝠所用的红外感受器，大卫·朱利叶斯（David Julius）、埃琳娜·格拉切娃（Elena Gracheva）和同事们设计了一场巧妙的实验。他们收集了吸血蝙蝠和不能感知红外辐射的果蝠。然后，他们小心地解剖了支配蝙蝠面部的神经元细胞体集群，分析其 TRPV1 的基因表达。

研究人员发现，TRPV1 在三叉神经节的感觉神经元中存在两种不同的表达形式：长型的那种有着传统的热度阈值 109 ℉（42.8℃），而短型的则可为恰好略高于鼻窝静止温度的 86 ℉（30℃）所激活，果蝠的三叉神经节里只存在长型的表达，但吸血蝙蝠则两者兼具，且数量基本相当。[20]

结果很有趣：吸血蝙蝠进化出了 TRPV1 的超敏形式，使之能够探测红外辐射，以便获得食物。但这对它身体的其余部分来说意味着什么呢？毕竟，吸血蝙蝠身体的其他部位也都需要检测热度。在观察支配非面部区域的神经元集群的背根神经节后，我们找到了微量的 TRPV1 超敏短型。这就解释了为什么吸血蝙蝠无须定位食物来源的其他身体部位也能维持正常的热灵敏度。

颊窝：响尾蛇探取猎物信息的“针孔照相机”

我敢肯定，你曾经躺在床上琢磨过这个问题：如果蒙上响尾蛇的眼睛，它还能准确地咬中猎物吗？感谢伊利诺伊大学厄巴纳－香槟分校由彼得·哈特兰（Peter Hartline）领导的一群强悍的研究人员，我们现在知道了答案。这些研究人员小心翼翼地蒙上了响尾蛇的眼睛，把它们放在圆形盒子中央的基座上。然后，他们用一种诱惑的方式（模仿温血动物的运动）晃动热源（烙铁滚烫的尖端），以此引诱响尾蛇。烙铁以不同角度放在蛇面对的方向，刚好在其打击范围之外（大约 1 米远）。哪怕双眼被完全蒙住，响尾蛇也依然能准确地打击目标，并且与目标的误差不到 5 度。这项研究的研究者们指出，“这点令人印象极为深刻，如果（热源）是一只老鼠，那它死定了”。[21]

响尾蛇是如何做到这一点的呢？它并没有靠嗅觉。它能准确地咬中一个温热但没有气味的物体，或是用隔绝气味的外罩完全包裹住的散发着热量的物体。但如果你把温热的物体放在一块隔绝红外辐射的特种玻璃背后，那么它就无法准确攻击了。像吸血蝙蝠一样，响尾蛇也可以感知到温热物体的红外辐射。

然而，响尾蛇相比起来要更为灵敏，它能够检测到 1 米以外的温热物体，而吸血蝙蝠的检测距离仅为 15 厘米。响尾蛇灵敏的红外感应结构叫颊窝（pit organ），位于眼睛和鼻孔之间（见图 5-4）。如果两侧的颊窝被盖上或遭到损坏，那么被蒙住眼睛或被放在暗处的响尾蛇就无法再准确地出击了。响尾蛇不是唯一带有红外辐射检测器的蛇类，它们属于“颊窝毒蛇”（蝮亚科）的一支，其中还包括美洲的蝮蛇、矛头蛇和巨蝮蛇，以及亚洲的蝰蛇和百步蛇。

颊窝的功能类似一台粗糙的针孔照相机。前方有小孔，后面是一道对红外辐射敏感的、呈展开状态的薄膜，这样两侧都有气室存在。图 5-4B 展示了颊窝的孔限制红外辐射的方式，空间中特定位置来源的红外辐射只会击中薄膜的一小部分，这样一来，颊窝便得以对红外世界形成一幅低分辨率的图像。颊窝的薄膜由响尾蛇三叉神经节中大约 7 000 条感官纤维支配，能把构建的红外世界图的信息编码传送到大脑的视顶盖区域，接着再将之与视觉信息结合，使视觉图像和红外图像相吻合（见图 5-4C）。[22]

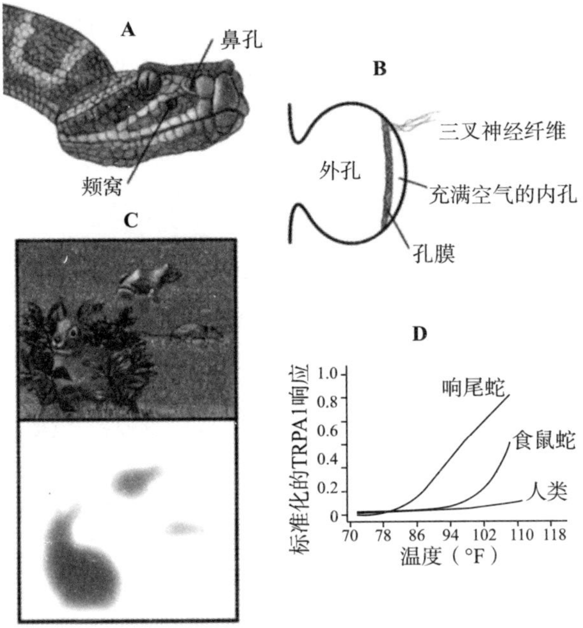

图 5-4 响尾蛇与 TRPA1

注：响尾蛇借助颊窝可以检测红外辐射，颊窝中包含了一种对温度敏感的修正 TRPA1 形式。（A）颊窝位于眼睛和鼻孔之间。（B）颊窝的剖面展示了它的功能，面对猎物时，它就像是一台粗糙的针孔照相机。来自三叉神经节细胞的神经纤维在孔膜（就像是一张在空中绷紧的鼓膜）中分叉。（C）响尾蛇视觉（上）和红外感觉世界（下）的艺术化渲染图。这两条信息流在响尾蛇大脑里匹配组合。请注意：就算有体温辐射的兔子藏在灌木丛里（或者藏在漆黑的地方），只要兔子在响尾蛇的红外感应范围之内，蛇便能检测到兔子模糊的轮廓。响尾蛇的红外辐射感知不光可以检测较冷背景下的温热物体，还能检测较暖背景下的凉爽物体，比如从池塘里跳到被太阳晒得暖烘烘的草地上的青蛙。（D）响尾蛇的 TRPA1 做了基因修正，能在 86 ℉（30℃）以上被激活。食鼠蛇（不具备红外感应）的 TRPA1 只能被温度微弱激活；而人类的 TRPA1 则完全未能被激活。

资料来源：Adapted from Panels A, B, and D are adapted from E. O. Gracheva, N. T. Ingolia, Y. M. Kelly, J. F. Cordero-Morales, G. Hollopeter, A. T. Chesler, E. E. Sanchez, J. C. Perez, J. S. Weissman, and D. Julius, “Molecular basis of infrared detection by snakes,” *Nature* 464 (2010): 1006-11, with permission of Nature Publishing Group. Panel C is adapted from E. A. Newman and P. H. Hartline, “The infrared ‘vision’ of snakes,” *Scientific American* 246 (1982): 116-27, with permission of Macmillan Publishers.

有人可能会猜想，响尾蛇颊窝检测红外辐射的分子感受器，应该跟吸血蝙蝠所用的 TRPV1 超敏形式相同。然而，大卫·朱利叶斯和同事们在研究了三叉神经节（也就是支配颊窝的感觉神经元所在的地方）之后，发现那里并没有丰富的 TRPV1（如果它是颊窝的红外感受器的话，理应很丰富才对）。他们还惊讶地发现，芥末感受器 TRPA1 的数量，在蛇的三叉神经节里提高了 400 倍。这一发现很奇怪，因为哺乳动物的 TRPA1 完全不会被热度激活。把人类和响尾蛇的 TRPA1 在肾细胞里表达，响尾蛇的 TRPA1 会在 86 ℉（30℃）以上被激活，而人类的 TRPA1 却对热度近乎完全无感。食鼠蛇的面部没有红外感受器官，其 TRPA1 也只对热度微弱敏感。[23] 如果我们认为 TRPA1 也是芥末感受器，那只是因为我们最初研究的恰好是哺乳动物的 TRPA1 罢了。若我们站在蝮蛇的角度看世界，那么我们会说，TRPA1 是热度感受器，只是也可以由芥末和大蒜激活。

蟒蛇（boa）和大蟒（python）来自一条比响尾蛇还要古老大约 3 000 万年的血脉。它们也有红外感应窝，一般每侧 13 个，排成两行，一行在嘴巴以上，一行在嘴巴以下。这些窝的开口不收缩，所以并不像针孔照相机那样运作。相反，根据在蛇脸上的位置，每个颊窝的视域略有不同。从行为测试中我们知道，蟒蛇和大蟒对红外辐射都不如响尾蛇敏感，所以，自然地，来自大蟒的 TRPA1 对热度的敏感也不如响尾蛇，但还是要强于食鼠蛇。对比来自人类、大蟒和响尾蛇的 TRPA1 基因序列，我们可以看出，在蛇的演进谱系上，为了提高热度敏感性，TRPA1 共修正了两次：一次是在古代的蟒蛇和大蟒身上，一次是在之后的响尾蛇身上。[24] 有时，随机突变和自然选择的过程会相隔数百万年，会在不同的有机体身上，针对某个问题产生相似的分子和结构解决方案。这是奇妙的趋同进化过程。

不是所有的生物都用红外探测器寻找猎物。举个例子，当发生森林大火时，大多数动物都会逃跑或飞走。但北美火甲虫（melanophila）却会朝着火扑过去。

然而，它们可不是为了自焚。等火焰消退后，甲虫会到达火灾地点，在仍然温暖的灰烬里交配。雌甲虫在被烧焦的松树树皮上排出卵子，等到了第二年夏天，火甲虫幼虫孵化出来后，便可以以烧焦的树木为食。（活的树有化学防御，幼虫无法食用。）在某些情况下，火甲虫也会被吸引到其他热的地方，包括工厂，甚至还有正在举行足球比赛且有许多观众抽烟的体育馆。这一类侵扰最典型的例子发生在 1925 年 8 月的加利福尼亚中央谷。当时，柯灵加镇上的一口油罐发生大火，大量火甲虫蜂拥而上。当时的报纸估计大约有数百万火甲虫聚集在柯灵加，大火扑灭后还流连了好几天。

由于柯灵加坐落在干旱的河谷中，于是最合理的猜测是，这些甲虫来自 128 公里之外内华达山脉西山麓的某个地方。火甲虫的腹部两侧，各有一个红外检测窝。许多年以后，伯恩大学的赫尔穆特·施密茨（Helmut Schmitz）和赫伯特·鲍萨克（Herbert Bousack）针对 128 千米之外的红外辐射量要有多少才能激活火甲虫的这些感受器做了计算，两人发现，只需极少的量，这些红外辐射便可嵌入火甲虫身体产生的环境热噪声当中。火甲虫的神经系统要完成提取微弱信号，并触发迁徙行为的复杂工程任务。迄今为止，我们还不知道火甲虫的红外感受器是类似吸血蝙蝠的 TRPV1、响尾蛇的 TRPA1，还是一种其他完全不同的机制，兴许那根本不是 TRP 家族的成员。[25]

人类不同的温度偏好：一个穿短袖，一个穿毛衣

如果你在谷歌的图片搜索引擎里输入“天堂”（paradise）这个词，那么你会在电脑屏幕上看到许多张不同的图片，且每一张都会是热带海滩的景色。对此该如何解释呢？一部分原因在于（至少对生活富裕的人而言），热带海滩意味着休闲的假期。但为什么搜索“天堂”这个词却无法显示其他热门的度假胜

地，比如纽约、滑雪场、迪士尼乐园呢？这可能是由于天气。天堂是一个身体无须努力运作，便能维持 99 ℉（37.2℃）这一核心温度的地方。人类和其他恒温动物（哺乳动物及鸟类）无法忍受自己的核心温度偏差超过几度。如果太热，我们的身体会从事各种反射性和自主性活动，如出汗，血管舒张，喝冷饮，跳进游泳池，以让核心冷却下来。如果太冷，我们会瑟瑟发抖，紧缩血管，穿上毛衣。这些保证自我平衡的反应和行为，要求我们不断监控自己的内部核心温度，并通过皮肤感知外界温度。我们需要知道皮肤什么时候足够冷或者足够热，以便依靠生理反应让核心温度保持在窄幅波动范围内。人类 TRPM8 和 TRPV1 的阈值专门为这一任务做校准：**TRPM8 在温度低于 78 ℉（25.6℃）时会被激活，而 TRPV1 则在温度高于 109 ℉（42.8℃）时会被激活**。

如果 TRPM8 和 TRPV1 检测凉爽和温暖的激活阈值的真正目的是帮助我们维持核心体温，那么，我们应该料到，在跟人类核心体温不同的动物身上，这些阈值也不同（见图 5-5）[26]。而在热度感应的一端，阈值似乎也是由核心体温决定的。例如，人类的 TRPV1 会在高于 109 ℉（42.8℃）时被激活，但非恒温动物斑马鱼，其 TRPV1 则会在大约 91 ℉（32.8℃）时被激活。不同动物的冷热检测阈值也并非是随机的。相反，从每种动物为正常发挥生理功能而必须实现温度调控的这个角度来看，这些阈值是非常合理的。[27]

还记得几年前的一个深秋，当我在前弟媳家位于地下室的客房中醒来时，由于感觉实在是太冷了，于是我穿好衣服，走上楼，检查了温控器。温度设在 52 ℉（11℃）上，这对前弟媳来说正合适，因为她身着短裤和 T 恤，正快活地站在厨房里。有了上一年的教训，于是第二年，我自己给客房置办了一台便携加热器。我还有另一个朋友，他在家把房子加热得很夸张，以致连门框都有点变形，你甚至会觉得硬木地板上正躺着一具被太阳晒干的小狼的森森白骨。

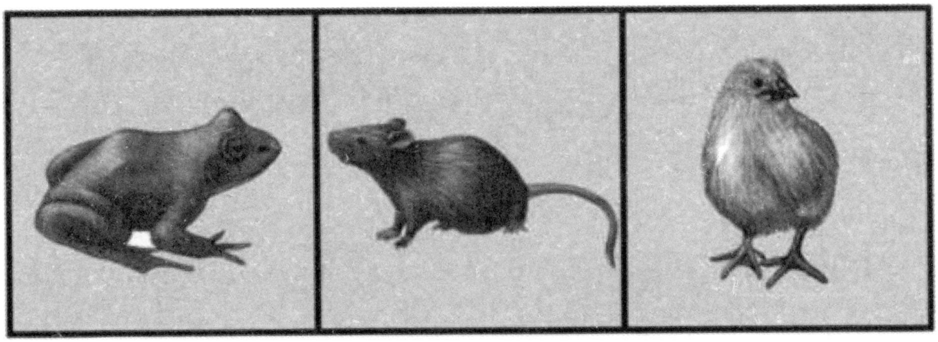

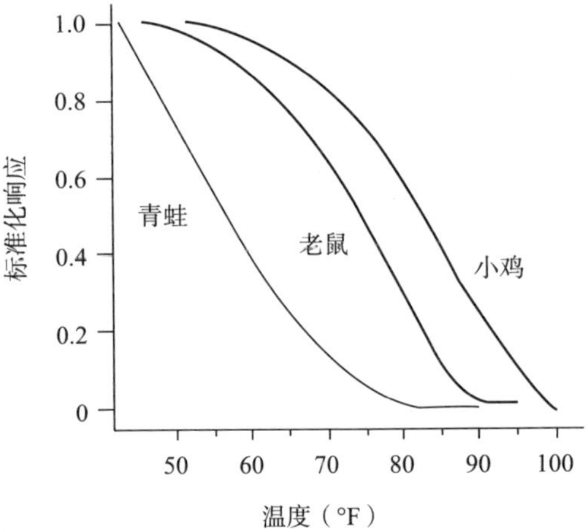

图 5-5 TRPM8 与核心体温

注：将从鸡、大鼠和青蛙（非洲爪蟾）身上提取的 DNA 编码 TRPM8 人为表达到 TRPM8 通道中，我们发现鸡的 TRPM8 有着更温暖的激活阈值，在 86 ℉（30℃）左右，与其 107 ℉（41.7℃）的核心温度相称；青蛙不是恒温动物，只需要感知极端的冷度，因此其 TRPM8 激活阈值是在 66 ℉（18.9℃）以下。

资料来源：Adapted from B. R. Myers, Y. M. Sigal, and D. Julius, "Evolution of thermal response properties in a cold-activated TRP channel," *PLOS One* 4 (2009): e5741, an open-access article distributed under the terms of the Creative Commons Attribution License, which permits unrestricted use, distribution, and reproduction in any medium, provided the original author and source are credited.

是什么造就了人类温度偏好的极端差异呢？我们知道，体脂少的人往往喜欢较暖和的温度，从核心温度调控的角度看，这可以理解。我们也知道，积极从事体力活动（哪怕仅仅只是坐立不安）的人，也会因为肌肉收缩而产生更多的热量，故此他们会更喜欢凉爽的温度。这部分解释了为什么小孩子和青少年老是不爱穿外套。此外，核心体温每日都会有变化，极端的温度偏好也一样。皮肤和大脑感知温度的分子或者回路是否存在不同，从而可以部分地解释上述个体差异呢？一家人的温度偏好都一样吗？目前，“也许”可能就是这些问题的最佳答案了。

我们知道，不同种类的动物拥有适应不同温度的 TRPV1 和 TRPM8 变体。研究还表明，在大鼠和人类身上用药物阻断 TRPV1 会导致产生过高热，即核心体温的上升，而能激活 TRPM8 的药物也可以达到同样的效果。人类还有一种罕见的隐性基因突变，叫 WNK1/HSN2。这一突变基因的双拷贝会造成感觉神经元严重退化，但突变基因单拷贝的携带者则不会受影响。然而，仔细测量热度和冷度检测阈值后发现，较之性别、年龄都匹配的对照组，WNK1/HSN2 携带者的暖度阈值略微偏低，而冷度阈值则略微偏高。[28] 但人类 TRPV1 或 TRPM8 的基因变异是否可以解释为人对温度偏好的个体差异，有待进一步的研究。我强烈怀疑我的前弟媳有一种强大的 TRPM8 基因，但眼下还不能证实。

TOUCH

The Science of Hand, Heart, and Mind

06 疼痛和情绪的关系

手被划破了，但你却不一定会感到钻心的疼痛，

因为这与分手时的“心痛”比起来根本不值一提。

这就是情绪与疼痛的神奇关系。

一个男孩在 14 岁生日的时候，由于急于为朋友表演一项特别大胆的花式技巧，于是他从位于巴基斯坦拉合尔的自家屋顶上跳了下去。他落地后，站起身来说自己没事，然而，第二天他便死于大量内出血。尽管受了重伤，他却从未说过自己感觉到痛，因此，家人也没带他去看医生。当然，这肯定也不是个普通的孩子。他是个出了名的街头艺人，能把刀穿过手臂，还能站在熊熊燃烧的煤块上。住在他家附近的人都说这个男孩无所畏惧，因为他完全感觉不到痛。

对疼痛无所畏惧的真相

虽然男孩还没来得及接受详细检查就死了，但英国剑桥登布鲁克医院的杰弗里·伍兹（Geoffrey Woods）还是主持了随后的调查，并确诊了另外 6 个从一出生就完全感知不到疼痛的病例。[1] 这些孩子都来自巴基斯坦北部农村的一个氏族，但由于这是由一种罕见且随机的基因突变所造成的结果，因此，它可能出现在世界的任何地方。[2] 伍兹研究的这些巴基斯坦家庭是通过移民来到英国的，他们有时还是会在表兄妹之间通婚。这 6 个孩子一辈子都不曾感觉到任何类型的疼痛，皮肤、肌肉、骨骼或者内脏，统统没有感觉。当还是婴儿时，他们就很少哭。这不是说他们感觉到了疼痛但对之无动于衷；相反，他们是完全不曾体验过疼痛。神经系统检查发现，孩子们对轻微机械性刺激，如振动、压力和纹理的触感正常，对温和的凉暖（但对极端温度感受不到痛）、发痒和爱抚也都感受正常。如果他们不小心用锤子砸到了自己的大拇指，他们能感觉到锤击的压力，但感觉不到痛。受伤的大拇指虽然随后会肿起来，但不会抽搐或者疼痛。

这些受影响的儿童，很明显，他们缺失的只是痛感。他们有正常的条件反射，有正常的肠和膀胱控制能力，也无明显的认知、情绪或社交障碍。当研究人员请他们形容"疼痛"这个词的含义时，这 6 个病例没有一个能给出合适的答案，虽然年纪较大的几个人已经明白什么样的行为有可能会引起他人疼痛（他们甚至可以令人信服地模仿会令对方球员罚点球的铲球带给人的疼痛）。重要的是，**肢体疼痛的缺失，并没有减轻这些孩子经历情感痛苦的程度**。虽然他们的身体无法觉察到伤害，但他们的情感可以。他们似乎对他人情感上的痛苦也有正常的同理心。

可怕的"无痛人生"

虽然在人们的想象中，没有疼痛的生活应该是快乐无忧的，但事实却不是如此。疼痛是对造成身体组织损伤的刺激的响应。没有疼痛，我们就无法知道要躲开锋利的刀片、沸腾的液体、有害的化学物质。那些患有先天性疼痛迟钝的人，总是会让自己受伤。他们会咬到自己的舌头，弄断自己的骨头，拖垮自己的关节，并在不知不觉中把沙粒揉入眼睛，弄伤眼角膜。他们中的许多人都活不过青春期。大多数患有此症的人的死亡方式，并不像那个从屋顶跳下的巴基斯坦男孩一样戏剧化。相反，其死亡大多是由于普通的身体组织损伤造成的：不合脚的鞋损伤了脚，滚烫的食物给食道留下了伤疤，甚至还有因为内衣太紧而勒入了腹部皮肤，受这些伤之后便是持续的细菌感染。

那些患病的巴基斯坦孩子，他们的脑部扫描结果显示正常，腓肠神经活检结果也显示正常。和我们第3章里讨论的北博滕省综合征患者不同，这些孩子的各类感觉纤维的数量均是正常的，不管是快速的A类纤维还是慢速的C类纤维。分析了他们的DNA后发现，这6个孩子均携带相同的突变基因SCN9A，这个基因负责引导生成对电压敏感的钠离子通道，而钠离子通道对神经元电信号的传播至关重要。然而，SCN9A几乎完全只在负责传递皮肤和内脏疼痛信息的神经元中被表达，其他神经元则使用不同的钠离子通道基因。因此，虽然存在向脊髓和大脑传递疼痛信号的神经元，但它们却不发送电信号。这就是孩子们的腓肠神经活检结果看起来正常，而痛感缺失的原因。当使用肾脏细胞人为地表达这些患者突变的SCN9A基因时，我们根本看不到任何钠离子通道功能，检测到的电流成像图是一条平坦的直线（见图6-1）。目前，我们还没有办法复原此类电流，因此，对先天性的痛感缺失也没有有效的治疗方法。

SCN9A基因中引发先天性痛感缺失的突变，属于功能丧失性突变，这种突变会导致基因无法产生正常运作所需的蛋白质，因而会使痛感神经元内的钠离子电流呈平坦的直线。这些突变是隐性遗传的，也就是说，一个人必须拥有分别来自双亲的、有相关突变的两份SCN9A基因拷贝，才会患上此病。这就解释了为什么这在表兄妹联姻的家庭里更为常见。还有一种功能获得性的基因突变。就SCN9A基因而言，功能获得性突变会产生具有异常特性的、对电压敏感的钠离子通道。人只需要继承一个功能获得性突变基因，就会在疼痛感知上产生可怕的后果。

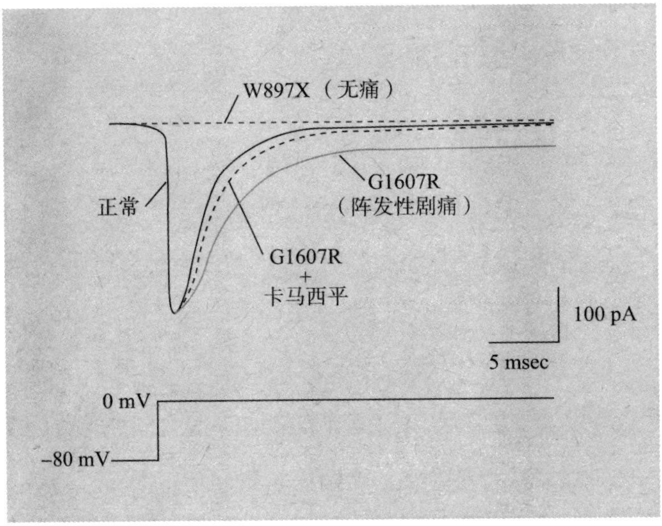

图 6-1　突变基因 SCN9A

注：突变基因 SCN9A 能让痛感和对电压敏感的钠离子电流产生巨大的变化。这里，不同版本的 SCN9A 基因被人为地在肾细胞中表达。用电路迅速地改变细胞膜内的电压（从 –80 毫伏变为 0 毫伏），引发电流，大致模仿神经元启动放电电尖峰顺着轴突发送信息的情形。正常的 SCN9A 会产生一波典型的钠离子电流：短暂的内向正电流，在几毫秒内即完全终止。患有先天性疼痛钝感的患者的 SCN9A 中，藏着一段 W897X 突变，这会使通道彻底丧失功能，完全不产生电流。来自阵发性剧痛症患者的 SCN9A 中，有 G1607R 突变，其会导致钠离子电流正常激活，但失活过程却极慢且不彻底，往往会留下有着长尾巴的持续电流。药物卡马西平可以部分扭转这一病情，用于减缓阵发性剧痛的症状。能引起先天性痛感缺失的突变有好几种，它们全都会令电流呈平坦的直线。同样，可以导致阵发性剧痛症的突变也有好几种，它们也都能令钠离子电流失活不彻底。

当痛感神经元变成一触即发的“机关枪”

一切往往从出生后不久就开始了，通常伴随着第一次排便：婴儿震惊了，慢慢地，脸上只剩下恐惧。他伤心欲绝地大哭起来，身体紧紧地贴向成年人。他身体僵硬，面色通红，脸也扭曲变形。这样的突然发作会持续几分钟，每天有可能出现数次，针对嘴巴或者肛门的一些小行为，如喂食、擦拭，或者插入直肠体温计都会带来上述突发状况。显然，婴儿无法和大人沟通，但等这些孩子长大后，他们会形容说，那些疼痛大多从自己的肛门、嘴巴或眼睛区域开始，接着就会扩散开来。而成年患者则形容，这种疼痛伴有烧灼感，很尖利，而且是弥散性的，是人能想象得到的最大痛苦。患有此种病症的母亲都说那比分娩还糟糕。她们大多表示，如果知道自己的胎儿会遭受这种病痛，那么她们宁肯堕胎，也不愿让孩子终身都受此种疼痛的折磨。[3]

这就是阵发性剧痛症（paroxysmal extreme pain disorder），它是 SCN9A 基因功能获得性突变造成的结果。图 6-1 显示了来自此症患者的突变的 SCN9A 基因的钠离子电流。细胞去极化之后，钠离子电流可以正常被激活，但失活却缓慢而不彻底。于是，痛感神经元此刻便成了一触即发的机关枪：原本只会让正常神经元启动一两波尖峰放电的刺激，现在却能让神经元持续放电。由于电信号异常，就连无害的刺激也会触发剧烈的疼痛。

幸运的是，有一种叫作卡马西平的药物，可以使对电压敏感的钠离子通道（包括来自 SCN9A 基因的通道）失活。一些患者服用卡马西平后可以完全缓解疼痛症状，还有其他许多患者服用后疼痛发作的频率和严重程度都会减轻。[4]

不过，即便不靠卡马西平，阵发性剧痛症患者大多也能顺利地过完一生。大多数人都会有孩子和事业，寿命也正常。从某种意义上来说，这有点违反直觉。

如果你被迫要从两种突变的 SCN9A 基因里选择其一：一种让你没有疼痛，但几乎保证会让你早死；另一种让你一辈子都偶发性地承受那种让你痛到麻木的感觉，你会选择哪一种呢？

姗姗来迟却“赖”着不走的痛感

假设你光着脚丫在房子里四处走动，脚趾撞到了沉重的木椅子腿。疼痛可不会一下子全都上来。首先，你撞到的脚趾会出现局部剧痛，但很快便会减弱。这时，你可以唱首欢快的小曲儿，但接着，就是第二波弥散性的阵痛。第一波疼痛由混编在一起、中等直径的 A-δ 类纤维（传送电尖峰的速度约为每小时 112 千米）和大直径的 A-β 类纤维（传送电尖峰的速度约为每小时 241 千米）传输到脊髓；第二波疼痛则是由小直径的 C 类神经纤维传输（其速度慢得多，约为每小时 3.2 千米）。**皮肤的所有区域以及内脏的大部分区域都是由快速和慢速两种疼痛纤维支配的**（见图 6-2）。第一波疼痛和第二波疼痛的时间差，对于远离大脑的部位（如脚趾）来说最为明显。比较起来，面部疼痛也有快速和慢速之分，但两者之间的感知时滞要小得多，故而两波疼痛不太区分得出来。当然了，体形越大的动物，其第二波疼痛的滞后也会越明显。如果一头长 27.4 米的恐龙，如梁龙，被浮木砸到了尾巴，那么第一波疼痛会在大约 1 秒钟内到达，而第二波疼痛则要再过整整 1 分钟才能到达大脑，并被感知到。[5]

第一波疼痛快速、准确、可分辨，它提供了直接威胁的相关信息，目的在于指引人做出后撤的反应。通常，在你已经发起了后撤反应，并忍不住骂骂咧咧之后，第二波疼痛才会到来。想象你抓住了很烫的铁锅把手，第一波疼痛让你立刻松开了把手，而当你感受到第二波疼痛时，你已经朝着空中挥起手，在释放第一波疼痛了。第二波疼痛来得慢，去得也慢，而且你也找不到确定的疼痛点。它可以是剧烈的、烧灼的或者是那种阵阵作痛。**第二波疼痛要求你给予持续关注，并激发相关行为，这些行为可以避免你受到进一步的伤害并促进痊愈。**例如，我们在走路的时候，会特别小心地保护那条受过伤的腿。

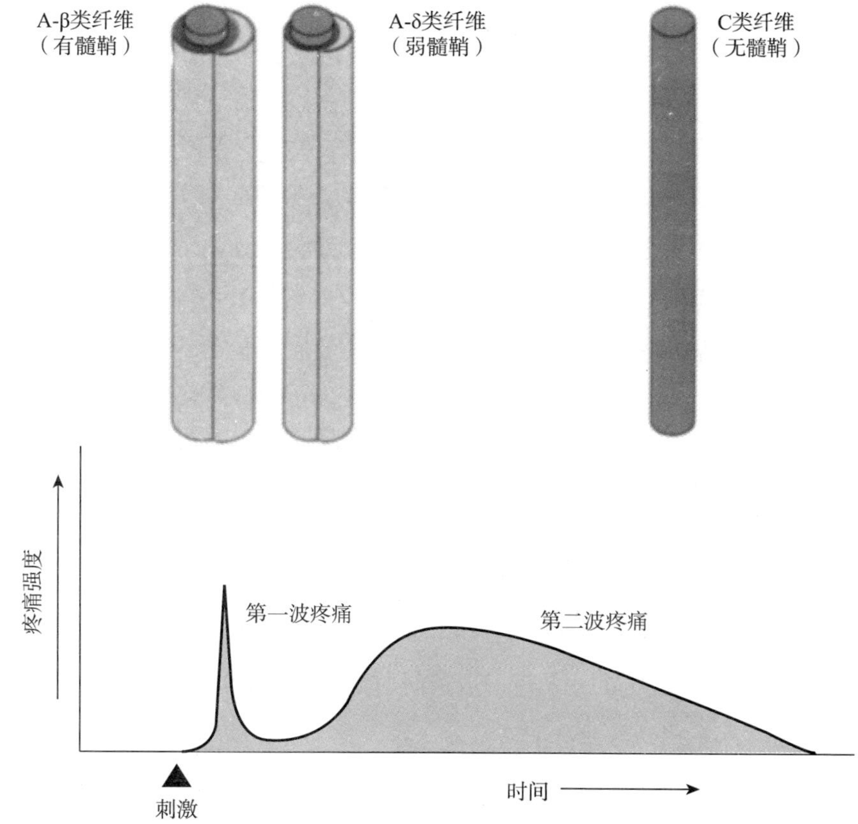

图 6-2　疼痛过程示意图

注：第一波疼痛是短暂的、局部性的、可分辨的，而第二波疼痛是弥散性的、持久的、能引发情绪的。第一波疼痛由中等直径的有弱髓鞘包裹的 A- δ 类纤维和大直径的有髓鞘包裹的 A- β 类纤维传递，而第二波疼痛由无髓鞘的小直径 C 类纤维传输。我们了解这一情况的方法之一是，借助结扎压缩来阻断 A 类纤维并保留 C 类纤维。这会消除第一波疼痛，但无法消除第二波疼痛。要说明的是，SCN9A 基因会同时表达在 A 类纤维和 C 类纤维的疼痛神经元里，所以患有先天性痛感缺失症的人两波疼痛都感觉不到；而患有阵发性剧痛症的人，其第一波和第二波疼痛都会增强。

尽管我们都是在一瞬间体会到疼痛的，但疼痛却不是一种单调孤立的感觉。实际生活经验告诉我们，疼痛有若干不同的特质。在描述疼痛的感官特质时，人们使用的形容词包括锐利、颤动、抽搐、灼热、刺痛、钝痛、酸痛、沉重、麻痛等（见图 6-3）。

为何会有这么多不同类型的感觉呢？**疼痛感受器分为 3 大类，即机械性感受器、热敏感受器和多觉型感受器。**我们可以模糊推测：疼痛的具体感官特质产生于神经活动模式和上述 3 类疼痛感受器中每一种的相对激活程度，或许还与来自身体同一部位的非疼痛的触觉信号进行了结合或比较。

针对压力、振动、纹理和爱抚的感受器，它们要么有特殊的结构，要么就与毛囊有着精心构建的协同运作，而疼痛感觉神经元靠的是简单、朴素的游离神经末梢。

皮肤的这些游离神经末梢穿透了表皮。机械性疼痛感受器最容易被强烈压力所激活：如果你用刀割破了手指，走路时踩到了脚趾，或被拉链夹到了皮肤，你的机械性疼痛感受器就会把信号发送给大脑。此类感受器中的一些会内嵌在 A-δ 类纤维的游离神经末梢里，所以疼痛信息会被传输得很快。热敏疼痛感受器也位于若干不同组别的 A-δ 类纤维的游离神经末梢里，当温度大致低于 42 ℉（17.2℃）或高于 115 ℉ (46.1℃）时，它们就会产生反应。[6]

此外，C 类纤维神经末梢有一个子集，可以对包括温度刺激、机械刺激和化学刺激（强酸强碱）等范围更广的刺激作出反应。这种多觉型疼痛感受器是第二波疼痛出现的前提，其对不同类型疼痛的那种宽泛的易感性，有助于解释为何第二波疼痛比第一波疼痛更为弥散，且在性质上不那么具体。[7]

麦吉尔疼痛问卷

患者姓名 ______________________ 日期 __________ 时间 ______ am/pm

PRI: S ______ A ______ E ______ M ______ PRI(T) ______ PRI ______

S	A	E	M	PRI(T)
(1 ~ 10)	(11 ~ 15)	(16)	(17 ~ 20)	(1 ~ 20)

组	描述词
1	微微的、颤动、搏动、悸动、有节奏跳动、猛击
2	强烈跳动、忽强忽弱、剧痛
3	扎、钻、凿、刺、抽
4	锐利、锋利、撕裂
5	捏、压、咬、绞、夹
6	揪、扯、扭
7	热、灼、烫、炙
8	麻、痒、扎、刺
9	钝、酸、疼、痛、沉
10	软、紧、锉、裂
11	疲惫、精疲力竭
12	呕吐、窒息
13	害怕、惊吓、恐惧
14	惩罚、折磨、残忍、恶毒、杀戮
15	卑鄙、盲目
16	讨厌、恼人、悲惨、剧烈、不堪忍受
17	扩散、辐射、尖锐、刺穿
18	紧、麻、扯、挤、撕
19	冷、寒、冻
20	烦躁、恶心、痛苦、可怕、折磨

PPI	
0	无痛
1	温和
2	不舒服
3	痛苦
4	可怕
5	酷刑

瞬间	有节奏的	持续的
片刻	周期性的	稳定的
短暂	断断续续的	始终如一的

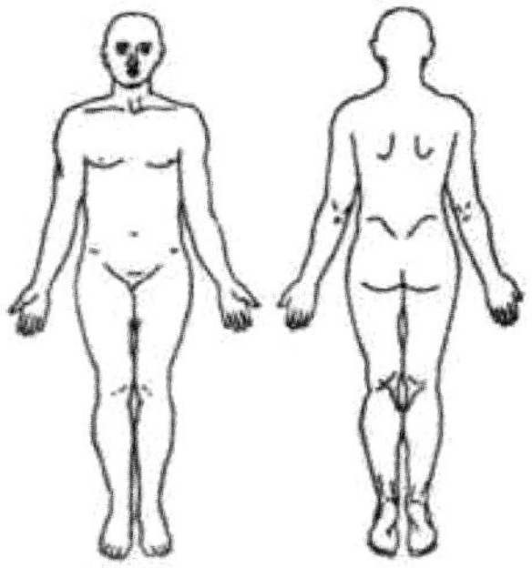

E= 外部
I = 内部

评论：

图 6-3　麦吉尔疼痛问卷

罗纳德·梅尔查克（Ronald Melzack）医生设计的《麦吉尔疼痛问卷》，试图涵盖临床环境下的各种疼痛体验。[8] 1 ~ 10 组是感官描述，11 ~ 15 组是情绪描述，16 组是评估性描述，17 ~ 20 组则涵盖之前三个类别的其他所有方面。

资料来源：Copyright R. Melzack, 1975; reprinted with permission.

承载疼痛信号的A类纤维和C类纤维的细胞体位于背根神经节，从背角进入脊髓（见图6-4）。这跟第2章、第3章中讨论的细微触摸和爱抚的解剖结构类似。C类纤维和A-δ类疼痛纤维受刺激后会与背角中的神经元相连接。背角中存在不同的层次，有接受不同类型触觉信息的神经元，包括感知本体触觉（由超快的A-α类纤维传输）、细微的机械性触觉（由快速的A-β类纤维传输）、爱抚（由一种不同的慢速C类纤维传输）和疼痛。

就我们的目的而言，没有必要逐一考察这些层次的详细解剖结构。[9]但要牢记一个重要的基本原则：**尽管不同类型的触摸刺激信息流，如疼痛、细微触摸、爱抚等在从脊髓传至大脑的过程中通常是分离的，然而，也存在一些明显的信号混合。**[10]例如，脊髓背角中有一类神经元叫作广动力域神经元，其能结合疼痛和细微触摸的信息。疼痛与非疼痛信号在脊髓处的混合，或许有助于解释为什么揉擦被砸到的胳膊肘能暂时麻痹因受伤带来的疼痛。

这些整合不同类型疼痛信号的广动力域神经元有时还能使人产生感官错觉。例如，脊髓背角中的一些广动力域神经元同时还会接收来自内脏和皮肤的疼痛信息，因此心绞痛①患者往往会觉得疼痛好像来自左胳膊，虽然胳膊并未受伤。这种“牵涉痛”（referred pain）清楚地体现了“我们不可能始终准确地解码感官世界”的这一整体性原则。在这种情况下，虽然脊髓接线图的构建方式为我们带来了混乱，但这也引出了一个问题：汇聚疼痛信号并创造模糊的感觉是否有什么好处呢？答案倒是简单：我们不知道。

---

① 因为心脏肌肉血流量不足而导致的疼痛。

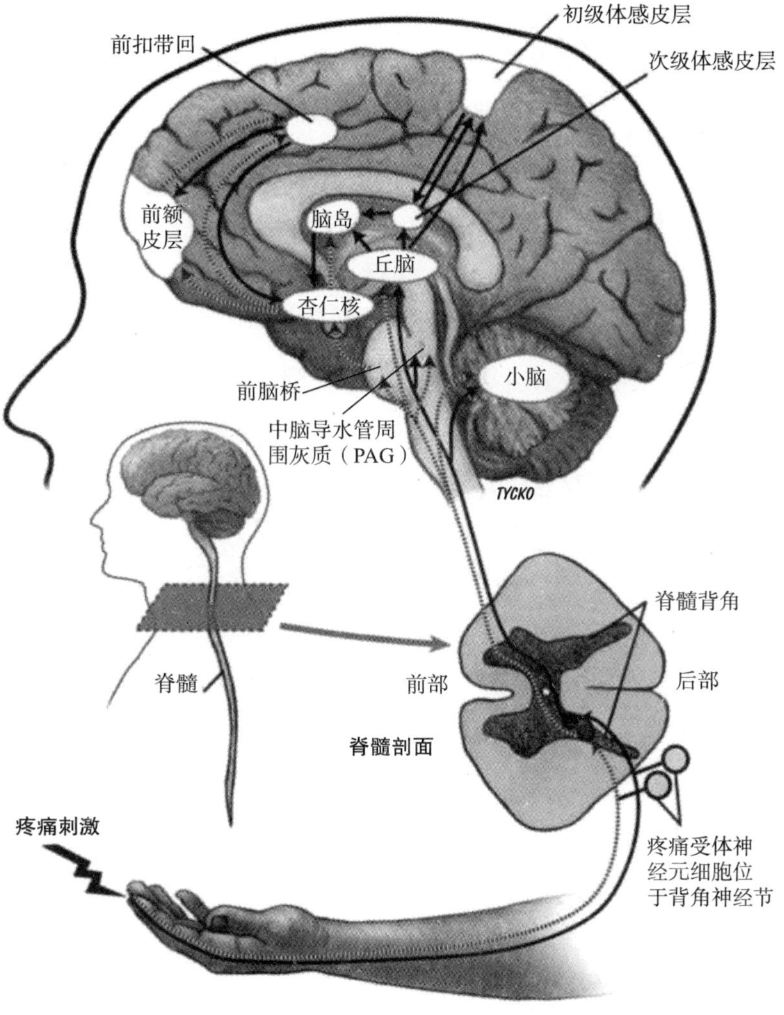

图 6-4 疼痛信息传输至大脑的两条主要通路

注：快速的疼痛鉴别通路（黑色实线），主要在脊髓丘脑束中传输信息，通过丘脑调动初级和次级体感皮层。慢速的情感 – 情绪通路（虚线），部分穿过脊髓丘脑束，途经臂旁核，调动杏仁核、脑岛和前扣带皮层。

资料来源：©2013 Joan M.K.Tycko.

你对疼痛的形容，是“不堪忍受”还是“欲罢不能”

并不存在记录疼痛的单独脑区。相反，痛觉散布在多个大脑区域当中，这些脑区可归为一组，其中每个都参与疼痛体验的不同方面（见图 6-4）。至少有 5 条不同的神经通路从脊髓背角出发来传输疼痛信息，但我们只着重考察其中 3 条。[11] 第一条是脊髓下丘脑通路，其激活大脑底部的下丘脑后，会产生快速的、潜意识的、能唤起疼痛的种种变化，包括心率、体温、呼吸、核心肌肉收缩和激素分泌等。第二条是脊髓丘脑通路，它起源于脊髓背角中的神经元，接着越过中线，上升至脊髓，在丘脑中形成突触。丘脑的神经元反过来会将纤维传送到初级和次级体感皮层。如果在脊髓丘脑束上放置一枚电极，那么在短暂激活几条纤维后，一波高度局部化的、界定清晰的痛感就会被唤起。

对疼痛刺激进行大脑扫描后可发现，第一波疼痛主要与脊髓丘脑束及其目标位置（初级和次级体感皮层）的激活相关；第二波疼痛明显与第三条上升通路（脊髓中脑束）的激活相关，它会激活脑干的臂旁核，并通过进一步的突触传递，进入脑岛、杏仁核和前扣带皮层。[12] 这些神经解剖学上的细节为什么会如此重要呢？原因在于这些脑脊髓脑束目标区会参与情绪和认知疼痛反应。从它们的激活并不能确定疼痛的具体位置或特点，相反，它们却能为疼痛赋予消极的情绪基调。它们还在痛感中集成了有关当前状态的其他信息：我是安全的，还是处在威胁之下？疼痛是预料之中的，还是意料之外？这一疼痛对未来有什么暗示？[13]

拆分疼痛

我们的痛苦体验从本质上说是不愉快的。当描述疼痛时，人们会用“惩罚”“残忍”“不堪忍受”等情绪性词汇（见图 6-3）。当疼痛出现时，我们体验到的也不是一连串不同且可辨别的感官及情绪成分，而是整体上的不快感觉。情绪和感觉完全混在一起。然而，如果发生了特定类型的大脑损伤，伤者还是有可能把疼痛的不同成分区别对待。

丘脑外侧、初级体感皮层以及次级体感皮层的选择性损伤会导致一种综合征，使人丧失疼痛刺激的感觉辨别能力。让人难以置信的是，遭受这类损伤的人，虽然能够描述由疼痛刺激产生的不快情绪，但却完全无法说出疼痛的特性，如是烧灼的还是刺骨的，是锋利的还是钝的，甚至也说不出疼痛在身体上的具体位置。相反，后脑岛或背侧前扣带皮层（这是情感–情绪疼痛回路的中央节点）的选择性损伤，可能会导致示痛不能。这些患者虽然都能够准确地报告疼痛刺激的特性、强度和在身体上的位置，但对疼痛却无法产生我们其他人视为理所当然的那些负面情绪。因为示痛不能会让患者无法体会到疼痛的破坏性影响，如果碰到疼痛刺激，其撤回的速度也往往偏慢。他们能感觉到疼痛，但疼痛却似乎并不让他们烦恼：

当右手掌被刺时，患者欣喜地笑了，退缩了一点，说："哎哟，痛，有点痛。"……病人的表情略显得意。她的脸和肚子被刺到时，也是相同的反应。如果刺她的脚底板，她也会微笑，明显看着还挺高兴的。[14]

示痛不能患者不是受虐狂；事实上，他们跟受虐狂恰恰相反，因为对后者而言，疼痛有着深刻的情感意义。示痛不能患者不享受疼痛，也不追求疼痛。他们也不仅仅是迷糊或精神不集中。疼痛无法让他们产生情感上的共鸣，不管是积极的，还是消极的。

疼痛从本质上来说是情绪消极的，这点与高潮情绪积极的本质是相对的。正常的性高潮体验和疼痛体验都需要若干脑区几乎同时进行激活，才能产生我们所体验到的整体感觉。疼痛和性高潮需要初级和次级体感皮层中用于分辨感觉的部分，以及另一个负责情感感知的区域：对疼痛而言，这个区域是后脑岛、前扣带皮层和与疼痛相关的其他区域；对愉悦而言，则是腹侧被盖区及其多巴胺神经元的目标区域。若剥夺了这二者的情感成分，那么疼痛和性高潮就成了不温不火且无所谓的条件反射了。

为什么疼痛和炎症会持续很久

当我还是个孩子时，晒伤的感觉对我来说很神奇。烈日之下，海浪飞溅，我会在海滩上整整待一天。等到了晚上，太阳的余热似乎会跟着我回到室内，并困在我的皮肤上，让我在夜里辗转反侧，哪怕是床单轻轻的碰触和热水淋浴都让我无法忍受。晒伤会带来痛觉超敏，也就是说，正常而言很轻微的触摸刺激（比如轻轻掠过皮肤）都会让人疼痛不已。痛觉超敏的许多特点，跟另一种名为自发性疼痛的持续性疼痛都相同，后者指的是，即使没有受到任何具体刺激，身体也会感到疼痛。持续性的痛觉超敏和自发性疼痛有两个来自组织损伤的关键特点。第一，这两种都会变成全身性的持续性疼痛。例如，烧灼带来的组织损伤，会令受伤部位不仅对热更加敏感，还会对机械性刺激也变得更敏感：如果你煮饭时烧伤了自己的大拇指指垫，接着你又拿起笔打算写字，那么原本无害的机械性刺激就会引起疼痛。第二，响应组织损伤的炎症（包括肿胀、发红以及灼热感）并不严格地仅限于受损组织，其还会扩散到周围的一些部位。例如，拇指指垫上的小烧伤，可能会让你的整个指头都发炎好几天，这一发炎部位，甚至还会超出这一区域的部分组织，并出现痛觉超敏和自发性疼痛。

炎症和与之相关的持续性疼痛，是由一种名叫“炎汤”的复杂化学信号混合产生的（见图 6-5）。身体组织受伤时，受损的细胞会释放一组前列腺素，这种化合物能影响 C 类疼痛纤维神经末梢的 TRPV1 受体。受损组织也会激活白细胞，如肥大细胞和巨噬细胞，令其释放出缓激肽。这种化合物和前列腺素一样，能够降低 TRPV1 的激活温度阈值，即从温热的 109 ℉（42.8℃）降到原本无害的 85 ℉（29.4℃）（如第 5 章所讨论的）。巨噬细胞释放的其他化合物，如蛋白质 TNF-α 和 NGF，同样也会令 C 类疼痛纤维更加敏感。激活后的肥大细胞会释放组胺，组胺以血管为目标，使之扩张，并略微渗出血浆，导致周围组织发热、发红、肿胀。

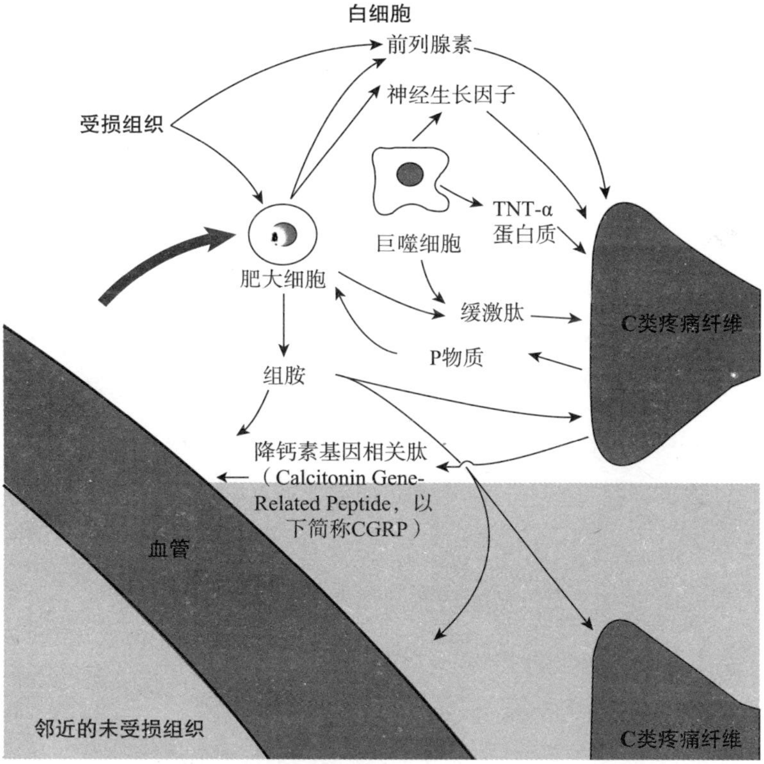

图 6-5　组织损伤的结果是产生了由化学信号构成的炎汤

注：一些信号来自受损组织本身（如皮肤的角化细胞），另一些则来自白细胞（巨噬细胞和肥大细胞）和 C 类疼痛感觉神经纤维。所有这一切的最终结果是形成一条正反馈回路，部分通过信号分子组胺的打散，造成持续且弥漫的疼痛和发炎。那些能麻痹疼痛和炎症的药物，往往是被用来阻挡这一化学信号网络的某些环节。尽管这幅图看起来有点复杂（的确很复杂），但炎汤还有许多其他成分并未在图中绘出。

最初，人们认为神经纤维只是上述疼痛化学信号的接收器。现在公认的看法是，感受疼痛的 C 类纤维末梢也会向机体组织传回信号，并形成正反馈回路。神经末梢会释放出 CGRP 分子，促进血管扩张和血浆渗漏；它们还会释放出另一种 P 物质分子，来激活肥大细胞。受损组织、白细胞、血管和疼痛感觉 C 类纤维之间持续的化学信号流，可以解释为什么受伤之后，疼痛和炎症会持续几天甚至几个星期。由于这些化学信号可以扩散到邻近的未受损组织，并触发那里的反馈机制，因而肿胀和痛觉过敏都可以被传播，但范围有限：拇指受伤有可能让你的手肿胀酸痛，但如果没有感染，恐怕也不会让你的整条胳膊都变成这样（见图 6-5）。

许多治疗疼痛和炎症的特效药物，都是对炎汤的化学信号发挥作用的。阿司匹林、对乙酰氨基酚（泰诺）和布洛芬全都能用于抑制前列腺素的产生。而抗组胺药物则可阻止神经末梢和血管上的组胺受体发挥作用。近年来，干扰 TNF-α 信号的药物，为治疗类风湿关节炎疼痛带来了天翻地覆的变化。那些能够扰乱神经生长因子作用的药物，有极大的潜力可以缓解持续性疼痛，对此目前已在开展临床试验，但它们似乎也会加速关节的退化，所以还不清楚它们最终是否会有效果。[15] 从菠萝与芦荟中提取的化合物，可以干扰缓激肽发挥作用。这些化合物可能被用于治疗，或是充当模板，好让我们基于这些天然化合物的结构，来设计阻断缓激肽的药物。开发药物去干扰炎汤里的其他化合物，也会是未来药学上的重要努力方向。

“忘不了”的慢性疼痛

研究触觉感知的著名学者弗朗西斯·麦格隆（Francis McGlone）总是喜欢问：“为什么有慢性疼痛，但却没有慢性愉悦呢？”这是一个很好的问题。我们已经看到，疼痛对于激发能够最大限度地减少组织受损的行为来说有多重要，以及没有痛感的人很少能活过童年这一事实。然而，疼痛有时也会在受伤组织痊愈后长久地折磨人，这种折磨有时甚至会持续一生。

持续性疼痛的产生不光是因为痛感纤维末梢的变化。脊髓中的突触也有变化，痛感纤维在此与脊髓背角神经元相联系。当电脉冲尖峰被传送到疼痛感觉C类纤维束中心的神经末梢时，会释放兴奋性神经递质谷氨酸。谷氨酸会在相邻两个神经元之间的突触间隙中扩散，与背角神经元的谷氨酸受体结合，进而使疼痛信号通过脊髓传播，并上传至大脑。如果这一突触如持续性疼痛的情况那样反复受到刺激，那么它就会变得更强、更高效。这是由多种因素导致的，包括谷氨酸盐的释放增多，背角神经元的谷氨酸受体增多，以及背角神经元中促进反复电尖峰生成的电压门控离子通道的变化。[16] 这些变化可以非常持久，跟记忆一样。（事实上，人们认为，在大脑中对记忆编码的部分分子和细胞变化，与脊髓产生的慢性疼痛在本质上是很类似的。）哪怕皮肤（或其他组织）上的炎症反应已完全消退，神经末梢的疼痛感应能力也恢复正常，但脊髓的变化还是可能会持续数月甚至数年。有时候，源于脊髓的慢性疼痛会持续终身。找到一种办法选择性地削弱脊髓背角里的这些传递疼痛的突触，会极大地有利于患者，当然，这也是当今的热门研究领域。

有一种特别难治疗的持续性疼痛叫作幻肢痛。约有 60% 的截肢患者会体验到来自已截除肢体的慢性疼痛感。有时是酸痛，有时则是灼热的痛。成年后截肢更有可能出现这一情况。此外，手术截肢和因外伤损失肢体也有同样大的可能性会出现这一现象。最初，人们认为幻肢痛是残存端的神经末梢受损所致，但不管是对残存端再次做手术处理，还是对该区域做局部麻醉，都无法缓解幻肢痛。

至少有一部分的幻肢痛，可能是由于疼痛纤维–背角神经元兴奋性突触持续强化造成的。多年来，截肢手术都是在全身麻醉的情况下进行的。此时，来自手术的疼痛信号会从外围传递到脊髓背角，但在之后的阶段便会受到阻碍，无法到达大脑。如果，为了防止疼痛信号到达脊髓背角，除了全身麻醉，在截肢手术之前和之中还对截肢区域做了局部麻醉，那么幻肢痛的发生率似乎会有所降低。出于这一原因，用来抑制背角神经元接收突触持续强化的那些药物，也能对减少幻肢痛的发生产生一定的作用。[17]

反过来说，如果脊髓传递疼痛信息的突触持续得到强化，那么脊髓神经元发送到大脑的信号，也同样会改变大脑本身。在某种意义上讲，这很像我们在第 2 章提到过的情况：经过多年的练习，资深弦乐手拨动琴弦的那根手指在大脑身体映射图里的表征会变大。有时，经历幻肢痛的截肢患者，其幻肢区域和其他区域在初级体感皮层的身体映射图里的表征都出现了增大现象，而没有经历这种慢性疼痛的截肢者则并未表现出类似的情况。[18]

情绪：痛感的调节器

二等兵德韦恩·特纳（Dwayne Turner）是一名美国陆军作战军医。2003 年 4 月 13 日，他和一支小分队在巴格达以南约 48 千米的临时指挥中心卸载物资时遭到了攻击。几个月以后，在接受记者采访、谈及当天情形时，特纳回忆道：

……敌方一个家伙从墙后投过来一枚手榴弹，我和其他人刚好在爆炸中心。我跑到车前面，看到了一些伤员，接着我坐回后面，评估了一下形势，因为周围的攻击并未停止。我当时想，好吧，总得有人下去，你知道，我不能把他们留在那儿。我得做自己该做的事，所以我就开始工作了……我认识这些家伙。我认识他们，在国内就认识。我们一起吃饭，一起睡觉，你得明白，我不希望眼睁睁地看着他们死。他们差不多算是我的兄弟。我必须跟家人一起作战。我知道，如果我的亲兄弟在外面，我一定会出去救他。

在爆炸中，特纳的右侧小腿、大腿和腹部都被飞溅的弹片打中了，但这并未减缓他的速度。他从藏身处反复冲出去把倒下的战友们拖到安全的地方，在此过程中，他中了两弹，一枚子弹打在他的左腿上，另一枚打断了他右臂中的一根骨头。但他几乎没有注意到自己中了枪。

我看到子弹在到处飞，但我以为子弹都打在地面上了，当然，我也感觉到有爆裂的灰土或者石块击中我，因为我觉得身上有些地方受了些小伤。但除此之外，我真的不知道还有别的什么，直到有人告诉我："医生，医生，你在流血。"我当时想，那不是我的，是别人的。我努力把这血说成是别人的，但好像那真的是我的血。[19]

二等兵特纳最终因失血过多而倒地，几分钟后，他就没法再像之前那样冲出去帮助他的战友们了。他和其他受伤的士兵后来由直升机护送撤离。军方授予了德韦恩·特纳银星奖章，并认为如果没有他，至少有 12 名士兵会送命。

疼与不疼，大脑说了算

在激战中，二等兵特纳能够无视弹片伤口带来的疼痛，甚至根本没注意到自己中了枪，这给人留下了深刻的印象。但有一点得指出，在激烈战斗中忽视疼痛的情况并不少见，当然，这完全无损特纳的英勇行为。中校亨利·比彻（Henry Beecher）汇编了第二次世界大战中盟军进攻意大利和法国时他治疗伤员的疼痛统计数据。他写道，在战场上，75% 的重伤员报告说，这么点小伤不需要缓痛药。可几天之后，当医院系统恢复后，同样是这些患者，却跟其他人一样，对抽血带来的轻微疼痛表示出了强烈的抵触情绪。[20] 士兵并非是拥有荒谬忍痛能力的超人，相反，他们都是被迫进入了极端情况的普通人，对战斗的认知和情绪的压力令他们的疼痛感变得迟钝了。

在我 5 岁的时候，对我来说去儿科医生那儿做常规疫苗接种简直就像是被判了死刑一样。和巴甫洛夫的狗一样，每当我妈妈的车快到医生的诊所时，我的心跳就会加快。医院大楼走廊闪闪发亮的木质镶板，母亲高跟鞋与地板碰撞而发出的踢踏声，还有消毒酒精棉的气味，这些全都让我回忆起了上一次注射时的可怕情形。轮到我接种了，我全神贯注地盯着自己左胳膊皮肤上鼓起的小包，眼睛都快焊在上面了。细细的针尖刺进了我的皮肤，那感觉就好像一把餐刀狠狠地戳进了我的肌肉，还拧了几拧。我痛苦地号叫起来，医生冷冷地说："真是个娇气闹腾的孩子啊。"

孩提时代，我受过许多次小伤，如擦破了膝盖、脑袋上撞起了包，这些伤也很痛，甚至比接种还要痛上几倍。但这些小伤，都是意外遭受的，事前没有预料到，似乎也就没什么大不了了。然而，我对打针满是恐惧的预期，却让挨针的回忆变得异常清晰和可怕，在此作用下，那短暂而轻微的疼痛就被无限放大了。

这些战士英勇作战和熊孩子大闹儿科医院的故事说明，认知和情绪因素对疼痛的感知会造成怎样的影响：对前者来说，是麻木；对后者来说，则是加剧。根据大脑疼痛处理中心的分布式网络，我们是否能够理解痛觉的认知和情绪的调节机制呢？整体而言，答案是肯定的，只不过还有许多细节尚待继续研究。有一点很关键：大脑既可以向脊髓背角的疼痛传递神经元发送信号，即："喊出来！大声说！"也可以发送另一种信号，即："闭嘴！调低疼痛信息！"大脑能控制自己接收的信息，这是真正令人惊讶的地方。大脑不光接收数据，并根据当前的情绪或认知状态调整感知并给予响应，它还能通过下行的神经纤维，控制从脊髓接收到的感觉信息。这样的事情很怪异，也违反直觉。**大脑会在潜意识中积极地抑制或增强不同时刻的疼痛信息**。可以这么说，它在摆布我们的感知媒介。很多时候，我们只能获得经过自我审查后的信息，这一点或许会让一些人感到不安，因为他们觉得，人类是通过未经过滤的现实情况指引自己的理性思维的。[21]

一如我们所见，由大脑疼痛处理网络里感官辨别区域和情感情绪区域传来的信息，会在包括前扣带回、脑岛、前额叶皮层和杏仁核等多个部位汇聚。接着，这些区域会把信号发送到位于脑干的中脑导水管周围灰质（periaqueductal gray）中（见图 6-6），后者反过来又会让脑干更下方的蓝斑核和延髓头端腹内侧区兴奋起来。[22] 后两个区域最终会向脊髓背角发送神经元，形成突触，并抑制或提升外围痛感纤维信号。延髓头端腹内侧区有一些导通细胞（on-cells），作用是增加对疼痛的响应激活；另外还有一些截止细胞（off-cells），作用是降低对疼痛的响应激活。导通细胞活性的提高，可增加脊髓背角疼痛信号的传输，增强对疼痛的感知；截止细胞活性的提高，则会带来相反的结果。[23] 正是这一回路，让大脑得以降低或调高传入的疼痛信息的强度。

罂粟及其衍生物（如吗啡）的止痛特性，至少早在公元前 3 400 年的苏美尔地区（今伊拉克南部）就为人所知了。苏美尔人把罂粟叫作“Hul Gil”（意为“愉悦植物”），并很快将其出口到了亚述和埃及，罂粟自此得以广泛传播。吗啡的工作原理是发挥类似人脑自身分泌的类吗啡分子，即内啡肽（包括脑啡肽）的作用。这些类阿片受体广泛存在于身体和神经系统中，但特定类型的 μ 阿片受体（mu-opioid receptor）却集中分布在下行疼痛通道、中脑导水管周围灰质、延髓头端腹内侧区和浅层脊髓背角里。[24] 将吗啡微量注射到中脑导水管周围灰质区域，可激活延髓头端腹内侧区的截止细胞并抑制导通细胞的激活，这足以产生强大的镇痛效果。中脑导水管周围灰质的疼痛钝化效果非常强烈，在手术过程中，对这一区域谨慎地施以电刺激甚至可以取代化学麻醉剂。有些受疼痛折磨的患者对药物响应不佳，但若把电极植入他们的中脑导水管周围灰质区，使其借助手持设备对大脑进行自我刺激，则可以起到缓解疼痛的效果。若使用干扰 μ 阿片受体的药物，则能阻断因刺激中脑导水管周围灰质区而获得的疼痛缓解效应，这表明发挥镇痛作用的是内啡肽 / 脑啡肽。

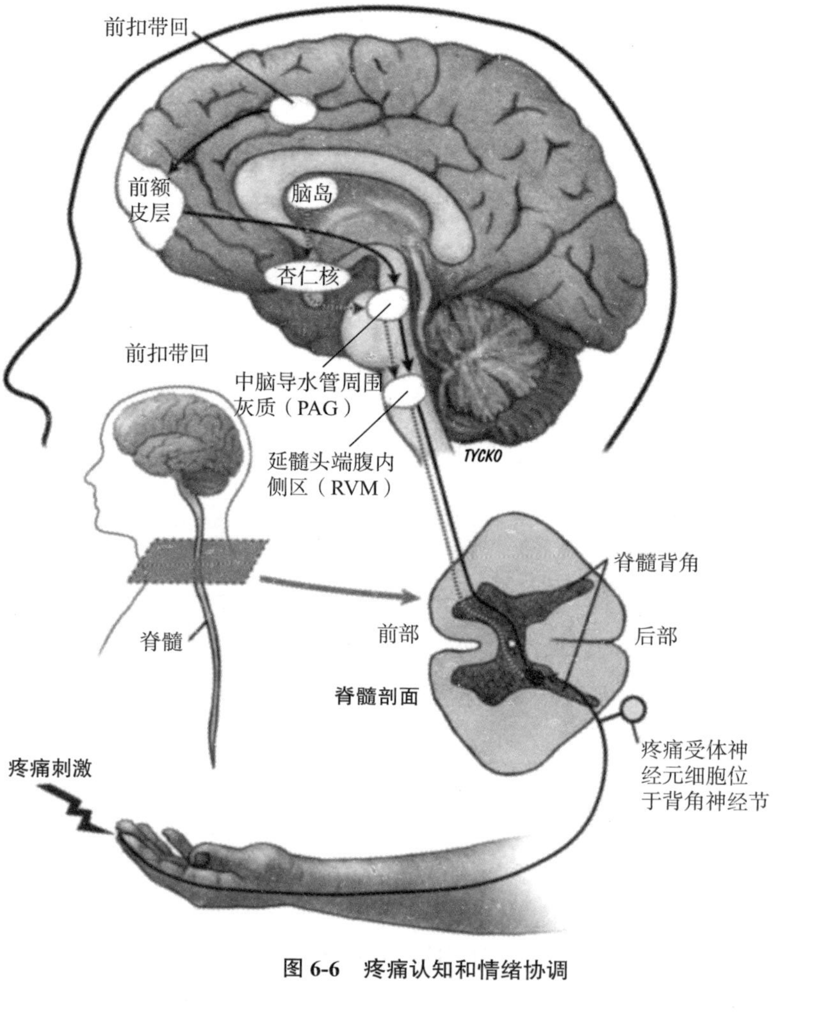

图 6-6 疼痛认知和情绪协调

注：从大脑到脊髓的下行通路，对疼痛认知和情绪调控有着重要作用。脑干下行信息沿途经过的重要站点是中脑导水管周围灰质（PAG）和延髓头端腹内侧区（RVM）。该图做了简化示意。特别要注意，不同的神经递质通过下行纤维在脊髓背角释放的突触行为也是不同的。

资料来源：©2013 Joan M. K. Tycko.

痛的时候，就分分心

掌握了下行疼痛调制的这些知识，让我们回到二等兵特纳的例子上。特纳在激战中没有意识到自己中了枪，而在我小时候，连常规注射的轻微疼痛也能让我哭上半天。显然，这两种情况下的行为，都跟关注焦点有关系。二等兵特纳的焦点是在战火中救出自己的弟兄，他没有考虑自己的身体。在实验室里，如果分散被试对疼痛刺激的注意力（如要求他们回答问题，或执行思维任务），他们对疼痛强度的评级便会降低。这种反应跟初级体感皮层及脑岛的活动减少相关。反过来，如果研究人员指示被试聚焦在疼痛上，后者对疼痛强度的评级就会升高，这反映了同一大脑区域活动的增加。重要的是，疼痛感知的情绪成分（由疼痛不适感评分表明），基本上不受注意力焦点变化的影响。[25]

在实验室条件下，我们可以设计实验，选择性地调动注意力和情绪机制。然而，在现实世界中，这两者却不太容易分离。二等兵特纳被持续的战火和拯救战友的活动分了心，但这种分心在情绪上不是中性的。相反，它充满了恐惧、同情、骄傲和对倒下战友的深刻关切等情绪。而在诊所里等着注射时，我的焦点则全放在了即将扎进肉里的针尖上，这种关注在情绪上也不是中性的，它充斥着对过去可怕回忆的恐惧。

消极情绪会增强疼痛感知，但它们发挥作用的方式，从感知和解剖的角度来看，却与关注效应不同。消极情绪会加剧前扣带回里疼痛所唤起的活动，提高疼痛不适感的评级，但不会提高疼痛的强度。最终的结果是，疼痛感觉的感官辨别和情感–情绪方面，都会受到认知和情绪调制。在现实世界中，认知和情绪相互之间高度依赖。例如，当人在持续忍受疼痛不适感的时候，疼痛不适感便会调动前额叶皮层，而这一区域正与参与沉思和反思持续疼痛对未来的影响有关：疼痛会持续多久？它什么时候会再开始？它是否受我控制？我够不够安全？这些以前额叶皮层为主的沉思过程，不仅促使年幼的我为即将到来的注射感到焦虑，还部分地通过前往脊髓的下行通道发挥了作用。在很多人身上，这带来了一种正反馈的恶性循环，即沉思提高了疼痛的不适感，结果又引发了更多的焦虑和沉思。这就是为什么镇静剂（如苯二氮）在治疗疼痛（特别是慢性疼痛）上大有帮助。这些药物其实并不直接影响疼痛感知，而是会减少焦虑，因为由此便可减轻疼痛的不适感，从而打破正反馈循环。平均而言，心境障碍患者产生慢性疼痛的概率也要明显更大。[26]

当疼痛激活脊髓-下丘脑通路时，它会产生一组或战或逃的反应，包括心跳加快、出汗增多、呼吸急促、核心肌肉收缩变快等。不管是有意识还是无意识，我们都能觉察到这些反应，它们会带给人一种焦虑感。当你意识到自己的心跳加快时，你会觉得不安，仿佛受到了威胁。这又是一个导致慢性疼痛的正反馈循环：由疼痛所唤起的潜意识中或战或逃的反应促进了焦虑的产生，而焦虑反过来又增强了疼痛。

包括脑岛、前扣带回、前额叶在内的这部分大脑疼痛回路，是参与比较疼痛期待与事实痛感（借此产生对未来的预期）的关键部位。源自外部的威胁是被评估的一个重要因素。自发的疼痛和来自外部世界的意外疼痛相比，前者的威胁性较小，人们对其强度和不适感的评价也都较低。在实验室，与外部产生的相同程度的疼痛刺激进行比较时，自发疼痛带来的初级体感皮层和前扣带回的激活程度都更低。有一项研究是这样证明的：让被试自己拿一只手跟尖锐的塑料珠相挤压，或者是让实验人员拿着被试的一只手去跟尖锐的塑料珠挤压。[27]换句话说，虽然拿着铁锤不小心砸到自己的手指后可能很痛，但至少你知道这是怎么回事，你感觉自己应该能控制局面，并减少它未来再次发生的概率。由于这一认识降低了这件事的威胁感，故此也就削弱了你所感到的疼痛。反之，如果你不知道疼痛刺激什么时候会再次出现，那么你下次感受到的疼痛强度以及你对该体验的不适感就都会提高。

心理作用的强大力量

如果患者拿到了一颗糖丸或其他安慰剂，并被告知这可以缓解疼痛的话，那么许多人的疼痛真的会有一定程度的缓解（图 6-7）。虽然缓解的普遍性和程度会因疼痛的类型、患者个性的不同而有所差别，但平均而言，安慰剂效应能让大约 30% 的患者出现明显的镇痛效果。安慰剂效应的潜在机制很复杂，或许还牵涉能减轻焦虑及不适感的元素。大脑成像研究表明，安慰剂镇痛与情绪疼痛回路的几个部位（包括前扣带回、前额叶皮层、杏仁核和中脑导水管周围灰质区）所释放的内啡肽 / 脑啡肽相关；一种阻止 μ 阿片受体的药物纳曲酮（Naltrexone），也能阻止安慰剂镇痛，这表明整个过程都需要内啡肽 / 脑啡肽发挥作用。[28] 对安慰剂效应稍加调整，也可以增强疼痛感知。如果告诉患者，他们接受的止痛治疗不大可能奏效，那么即使医生为之提供了非常有效的止痛药，如羟考酮或吗啡，报告疼痛缓解的人也会减少；又或者给患者做无效治疗，但告诉他们治疗会增强疼痛，那么平均而言，患者往往也会报告痛感增强。这就是所谓的反安慰剂效应，其生物学基础尚不清楚，但这似乎跟脊髓和大脑的痛觉区域活动增加有关。[29]

冥想能有效降低疼痛

拷问者对疼痛感的认知和情绪调制再清楚不过了，他们用毫无人性的恐怖方法，来加剧疼痛和恐惧，让受刑人感到虚弱无力。因为他们知道，对疼痛的期待会极大地增强疼痛体验，所以就经常让受刑人旁观、聆听其他人受折磨的过程，以激起其期待和关注。同样，拷问者也明白，威胁会强化疼痛体验。于是，他们还羞辱受刑人（如剥光衣服、性虐待、冲其吼叫等），并且让受刑人的睡眠、唤醒和饮食都没有规律，无法预测。

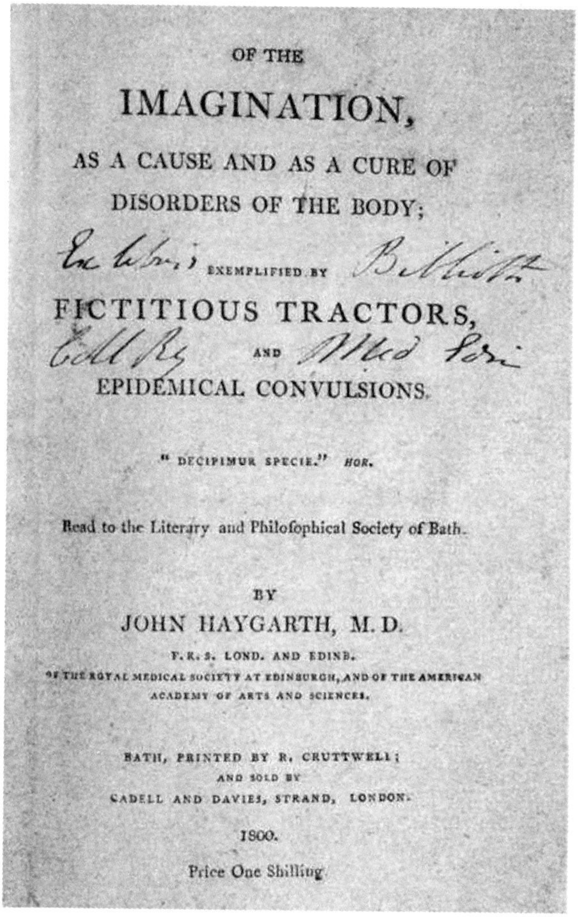
OF THE

IMAGINATION,

AS A CAUSE AND AS A CURE OF

DISORDERS OF THE BODY;

EXEMPLIFIED BY

FICTITIOUS TRACTORS,

AND

EPIDEMICAL CONVULSIONS.

" DECIPIMUR SPECIE." HOR.

Read to the Literary and Philofophical Society of Bath.

BY

JOHN HAYGARTH, M. D.

F. R. S. LOND. AND EDINB.

OF THE ROYAL MEDICAL SOCIETY AT EDINBURGH, AND OF THE AMERICAN ACADEMY OF ARTS AND SCIENCES.

BATH, PRINTED BY R. CRUTTWELL;

AND SOLD BY

CADELL AND DAVIES, STRAND, LONDON.

1800.

Price One Shilling.

图 6-7 安慰剂效应的研究报告

注：约翰·海加斯（John Haygarth）是系统性研究并报告安慰剂效应的第一人。1800 年，他出版了一本书，研究了所谓的“帕金斯牵引器”（Perkins tractors）。这是一种指针，据说能通过特殊的金属针尖把疾病拖出来。海加斯指出，经过帕金斯牵引器治疗后，一些人的症状的确有所改善，但使用木头做的假帕金斯牵引器做治疗，他们也获得了同样的效果。海加斯的结论是：帕金斯牵引器其实并没有效果，是“思想的激情，对躯体的状态和疾病造成了奇妙而强大的影响”。如果你认为自己会好一些，那么你很可能真的会好一些。这本书的题词“Decipimur specie”是罗马诗人贺拉斯的名言“Decipimur specie rect”的缩写，意思是“我们上了正直外表的当”。

资料来源：Used with permission of the Royal College of Physicians, Edinburgh.

好在拷问者用来最大化疼痛的情绪和认知控制回路，也可以被用来有效地减轻疼痛，尤其是慢性疼痛。许多以正念为基础的实践，包括冥想、瑜伽、太极和魁根斯法（Feldenkrais Method），都被研究证实能减轻慢性和急性疼痛。尽管这些研究有些质量很低，缺乏适当的对照控制，而且参与人数太少无法进行统计分析，但一些具备随机性且经过精心设计的大规模研究也表明，这些技术确实能对某些类型的慢性疼痛发挥作用。[30]

以正念为基础的训练，为何能用来减轻疼痛呢？让我们在冥想的背景下来考察一番，因为在这个主题下有一些有益的文献，研究了疼痛感知及其神经过程。

减轻疼痛的一种普遍方法是学会对疼痛唤起的或战或逃的潜意识反应施加一定的控制，从而削弱疼痛带来的焦虑、威胁，进而减少疼痛的不适。[31] 这可以切断维持慢性疼痛的正反馈循环。另一种方法是学会凭借经验让自己在面对疼痛时保持开放的心态，即不去回避或拒绝疼痛体验，而是去试着认识到，反复的疼痛不是威胁。这一不作为、不评判的方法，也能让疼痛的不适感降低。

事实上，威斯康星大学麦迪逊分校的理查德·戴维森（Richard Davidson）小组新近所做的研究表明，当面对激光加热时，和新手相比，进行开放式冥想的佛教冥想高人（练习时间累计超过 1 万个小时），虽报告了同等强度的疼痛，但疼痛给他们带来的不适感却更低。通过脑部扫描发现，冥想高手的基线活动降低，但疼痛最初唤起的脑岛和前扣带皮质的活动增加，而随着刺激的重复，这部分区域的活动逐渐减弱。研究者认为，冥想训练能培养出冥想者的开放心态，从而降低他们对疼痛的预期，提高他们在疼痛期间对有益注意资源的运用，并以之开始有效学习。这种学习能降低对威胁、相关焦虑的感知，以及随之而来的或战或逃的反应。[32]

禅是一种不同形式的冥想。它不是要让人全身心地放开体验，而是让人去追求更为超脱的自我调节。它的目标不是学习，而是通过减少高阶的评价流程，让人游离。蒙特利尔大学皮埃尔·兰维尔（Pierre Rainville）的研究小组用温度疼痛刺激检验了经验丰富的禅师，发现了与戴维森小组相似的结果：较之非冥想者，经验丰富的禅师报告的疼痛不适感减少，疼痛在脑岛和前扣带皮层唤起的活动增加。至关重要的是，他们前额叶皮层的活动也减少了，在疼痛不适感评分最低的禅师身上，这一效应表现得最为强烈。对这些成像结果的一种阐释是，与其说禅师学会了不再把反复出现的疼痛视为威胁（这大概需要前额叶皮层的参与），倒不如说他们只是单纯地决定忽视疼痛。[33] 也有可能，他们有多种认知 / 情绪策略能用来减轻疼痛。

情绪越痛苦，身体越疼痛

疼痛和消极情绪深深地交织在一起。在日常环境中，我们把遭到同伴、家人，甚至陌生人排斥的感受叫作“伤心”，而把求爱受拒的感受称作“心碎”。你想必记得，这不是我们第一次提及触觉比喻。我们已经考察了触觉的内在情绪（感觉），以及社交温暖和身体温暖之间的相互关联。就薄荷清凉、辣椒火热的例子而言，我们甚至看到比喻是编码在 TRPM8 和 TRPV1 分子感受器里的。

我们知道，疼痛感觉在解剖上存在一种独特的情绪成分，脑岛或前扣带皮层受损都会扰乱它。但身体和情绪上的痛苦到底存在什么关系呢？其中有一些能够引起联想的相关性。研究表明，感情容易受伤，尤其是被社交排斥所伤害的人，在实验室里受测时，对身体疼痛带来的不适的评级往往也更高。哪怕是在感情不容易受伤的人身上，若加剧社交困境的体验，也会增强他们身体疼痛的不适感。出人意料的是，止痛药（哪怕是相当温和的药品，如乙酰氨基酚）

也能减少社交痛苦。但最引人注目的发现或许还是这一点：社会排斥和身体疼痛会激活大脑情绪痛苦回路里的若干重叠区域。如果被试参加计算机上的虚拟投球任务却遭到拒绝，那么这种极为温和的社会排斥也会激活他们背侧前扣带皮层和前脑岛。还有一项研究分析了一种更剧烈的社会排斥：让刚被甩掉的人看前任爱人的照片。此种情形下，不光情绪痛苦中心会参与进来，连次级体感皮层（这是感官辨别性的疼痛中心）也会被激活。[34]

日常语言反映了神经过程。情绪痛苦和身体疼痛的相似之处不仅在于构建了能唤起回忆或诗意的说法。这些比喻都是真切的，它们都被编码在大脑的疼痛回路里。社会排斥真的会让人受伤。

TOUCH

The Science of Hand, Heart, and Mind

07

认识瘙痒的本质

为什么我们喜欢在蚊子叮的包上掐十字？

当看一些皮疹的图片或看到别人在抓挠时，

为什么我们也会感到痒，并也会开始抓挠？

塞曼扎住在乌干达农村的鲁昆吉里地区。他得了一种无法忍受的痒痒病，哪怕不断用指甲使劲抓挠也无法获得短暂的缓解。他的解决办法是打破陶罐，用陶片的粗糙边缘来擦刮发痒的部位。最终，他的皮肤严重受损，并感染了细菌。多年来无休无止的痒和挠，让他的皮肤连注射器的针头都扎不进去。摩西·卡塔巴瓦（Moses Katabarwa）是一位流行病学家，在卡特中心的河盲症项目（Carter Center's River Blindness Program）中从事卫生工作，1992 年，摩西见到塞曼扎时，塞曼扎的皮肤上覆满了干燥的泥土。由于村庄里的人都不想靠近他，所以塞曼扎躲在自己家后面的一间小棚子里。

塞曼扎身上难忍的奇痒，是因为他染上了盘尾丝虫病，受到了一种名为盘尾丝虫的寄生蛔虫的感染。由于这种感染有时会以眼睛和视神经为目标，因此也被称为河盲症。盘尾丝虫的幼虫会通过一种黑蝇的叮咬传播。顺着快速移动的热带水流，该黑蝇四处繁殖。这种病不是由盘尾丝虫直接导致的，而是由寄生在其内脏的细菌导致的。丝虫死后，细菌逃逸，因此触发了人类宿主的免疫反应。

全世界染上盘尾丝虫病的患者约有 1 800 万人，几乎全都居住在非洲，其余的零星分布在委内瑞拉和巴西。盘尾丝虫病并不致命，但却会让人过得十分悲惨。这种病至今已经让约 27 万人致盲。在利比里亚，一座橡胶种植园里的染病工人会把剥橡胶用的镰刀放在火坑里，用烧红了的刀刃来缓解无情的瘙痒。当然，瘙痒还会让人难以入眠，摩西·卡塔巴瓦解释说："染上盘尾丝虫的儿童无法集中精神，因为不管白天黑夜，他们都在抓痒痒。"患者里自杀的也很多。

盘尾丝虫病虽然没有专门的疫苗，但却可以用一种名叫伊维菌素的药物加以控制，自 1985 年以来，默克制药公司在世界各地都捐赠了该种药物。用伊维菌素治疗，半年便能杀死新生的丝虫（微丝蚴），让它们一次性地把内脏的致痒细菌全部释放出来。尽管，这会让患者在两天之内瘙痒无比（比平时更为痛苦），但短暂的插曲后就是甜蜜的缓解期。塞曼扎有幸在卡塔巴瓦发起的本地治疗项目中使用伊维菌素。开始治疗两年后，他的瘙痒消失了，皮肤也部分愈合了，他重返社会，结了婚，希望能按部就班地组建家庭。[1]

瘙痒和疼痛是"同胞兄弟"吗

瘙痒可以是一种短暂的感觉，也可以持续好几天。未经治疗的盘尾丝虫病，则会让人一辈子都瘙痒。它可以因机械性刺激而触发，比如羊毛衫或者昆虫的腿对皮肤产生的轻微刺激，也可以因化学刺激触发，如名叫漆酚的毒藤抗炎剂。[2] 瘙痒也可能是感觉神经或大脑受损带来的结果。某些情况下，脑肿瘤、病毒感染或强迫症等精神类疾病都可以触发瘙痒。此外，瘙痒还可以是某些治疗药物或毒品的副作用。

瘙痒是受认知和情绪因素调制的。一天晚上，我在亚马孙丛林露营，正要入睡的时候，觉得胳膊有点痒。我拿起手电筒，戴上眼镜，想看看是怎么回事，结果发现了一条巨大的千足虫。这之后，我便再也没法入睡了。我超级警觉，在夜里剩下的时间里，只要有些许的微风和颤动，都会唤起我的痒感，而且不只是胳膊，我的整个身体都会痒。我在思想上跟千足虫战斗到了天亮。

痒痒不可抗拒的折磨性质众所周知。在但丁《神曲》的“地狱篇”里，造假者（包括炼金师、冒名顶替者、伪造犯）会被投进第八层地狱，受永恒之痒刑（见图 7-1）。只有犯了背叛罪的人（欺骗了关爱、信任自己的人，比如背叛了耶稣的加略人犹大）才会在第九层地狱遭受更可怕的命运：被冻成冰。

这里有一个处在生物学和哲学交会点上的问题：痒到底是一种独特形式的触感，跟其他触摸形态有着本质上的不同，还是说它只是一种不同的刺激模式，以本书前面所述的一种或多种触感为基础？从类比的角度上说，痒和其他触感的关系，是类似萨克斯风和钢琴吗？萨克斯风和钢琴都能发声，但发出的声音在性质上是不同的。还是说，痒和其他触感的关系，像钢琴演奏的波普爵士乐和浪漫时代的古典音乐？由于音乐的结构和背景不同，两者同样清晰可辨，只不过它们都来自相同的发音器材。过去，这种类型的问题是留给哲学家解答的。如今，生物学家也可以参与讨论了。

一些人认为，痒是一种触摸模式，而非独立的触摸类型，并主张痒是特殊类型的、稀弱的疼痛。他们正确地指出，痒和疼痛存在一定的相似之处。两者都可由各种各样的刺激触发：机械刺激、化学刺激，有时热度刺激也可以。尤其是，疼痛和痒都可以靠炎症化学产物激活，有时还可以靠消炎药来缓解。两者都受到认知和情绪，包括注意力 / 焦虑和期待的有力调制。**疼痛和痒两者都以信号形式表明，环境中存在应该避免的物体的侵入，换句话说，它们是要求采取行动的激发性感知。**疼痛会导致反射性的撤回反应，痒也会带来反射性的抓挠反应。以抓挠响应痒，和以撤回响应疼痛以避免组织损伤一样，都是保护性的行为。它会让我们打跑有毒的节肢动物，如蜘蛛、黄蜂、蝎子，或是消灭传播疾病的病原体，如传染疟疾的蚊子、带着瘟疫的跳蚤，等等。

图 7-1 地狱第八层

注：这幅图是 1827 年威廉·布莱克（William Blake）所绘的作品，表现了正在第八层地狱受永恒之痒刑折磨的造假者（Canto 29）。第八层地狱被分为 10 个同心圆的沟槽，每一个都比上一个更糟糕。造假者在最里面，大概也是最恶劣的沟槽。最外圈的沟槽里是淫媒和诱惑女性的人，小鬼会用鞭子抽打他们，驱使其前进。

资料来源：Used with permission of Harvard Art Museums/Fogg Museum; anonymous loan in honor of Jakob Rosenberg, 63.1979.1.

如果痒仅仅是较弱的或间断形式的疼痛，那么人们假设，提高痒刺激的强度和频率，也能将痒提升至能感到疼痛的阈值，或者反过来，削弱疼痛刺激，也可能会转而唤起痒感。然而，在实验室研究中，尽管精心控制了刺激，这种情况也从未发生过。微弱的疼痛始终是微弱的疼痛，强烈的痒也只是强烈的痒而已。[3] 痒和疼痛之间的另一个主要区别涉及它们在身体中的部位。全身上下，包括皮肤、肌肉、关节和内脏都能感觉到疼痛，而痒仅限于皮肤表层（包括有毛皮肤和无毛皮肤），以及与皮肤紧密相邻的黏膜，包括嘴唇、咽喉、眼睛、鼻子、小阴唇和肛门边缘。[4] 你的内脏会疼，但不会痒。

如果痒是一种独特的触觉形式，那么人们应当能在皮肤里找到只能由痒刺激激活的感觉神经元纤维，且在实验室用电刺激这些神经元纤维时，也可以让人感觉到痒，却不会让人感到疼痛。这就是所谓的专线理论（labeled-line theory），它和模式编码理论的区别在于，后者认为皮肤里的同一种感觉神经元既可以传送痒信号，也可以传送疼痛信号，具体传送何种信号则要取决于纤维的电启动放电模式。[5]

1997 年，马丁·施梅尔茨（Martin Schmelz）和同事们借助显微神经检查法（microneurography），发现了痒的专用感觉神经纤维中的端倪。该技术是用一根细电极穿透皮肤，插到感觉神经里，之后记录单一纤维的电活动。研究者发现，在将组胺（通常在人体内产生的、诱导痒的化学物质）施加到志愿者腿上的小块皮肤上之后，一类慢速的无髓鞘 C 类纤维便会有电响应。当被试报告说他们觉得同一位置有痒感时，电响应就开始了。有趣的是，这些纤维并不专门指向那一小块皮肤，而是蔓延支配直径大约 7.62 厘米的皮肤区域。因为这些纤维对机械性刺激无响应，所以研究人员认为它们是专属于痒的，这与专线理论相一致。然而，过了几年，同一组研究人员又发现，这些响应痒的 C 类纤维，至少有一部分也同样可以因疼痛刺激而出现电活性，这又与专线理论相矛盾。[6]

解释这些发现有若干难处，部分在于用来进行痒刺激的是组胺，而我们又知道，经由不同化学通路触发痒感的东西有很多，而组胺只是其中之一。事实上，我们大多数人都用过抗组胺霜来对付痒，并发现这只在部分情况下有效。这些实验并未告诉我们，传递与组胺无关的痒的形式的神经纤维，是否也会对疼痛产生响应。认为人类身上存在痒的专线神经元，其证据还尚未确立。这些人体实验有一个重大的局限性：研究人员只能用单一纤维记录电极盲目地寻找，因为没办法看到内部的神经，进而也无法瞄准特定的纤维。不过，利用实验小鼠，借助基因、解剖和电信号记录技术，我们是有可能在这方面取得更大进展的。

痒的专用通道

许多不同类型的皮肤刺激都可以诱发痒。在许多情况下，我们尚未理解痒传导背后的分子事件。大多数瘙痒刺激的通路似乎都是间接的。例如，反复磨蹭皮肤，或对过敏原做局部响应，均会启动炎症级联放大反应（如本书第 6 章的讨论，见图 6-5）。免疫细胞释放的分子，如来自肥大细胞的组胺，可以跟表皮感觉神经元裸露末梢里的组胺受体相结合，致其启动放电尖峰（图 7-2）。在另一案例中，一种名叫 BAM8-22 的天然蛋白质片段，会与皮肤中传导痒的神经末梢上的另一种受体相结合。在老鼠身上，这种受体被称为 MrgprCll；在人类身上，则被称为 hMrgprXl。有时，环境里的分子也可以直接激活痒感受器。众所周知，抗疟疾药氯喹就会使皮肤发痒，因为氯喹会跟感觉神经元里的 MrgprA3 受体直接结合。[7] 关键在于，至少有 3 种不同的分子感受器能激活痒感检测神经元，有些直接由环境信号激活，而大部分则响应身体里充当中介的化学信号。

如果痒真的有专线神经元，那么以下情况就应该成立。第一，应该能够摧毁或让这些神经元保持“沉默”，从而阻断痒感，而其他触感（如疼痛或温度等）则不受影响。第二，若有选择地激活专门的痒神经元，那么就应该能产生痒感，而不是产生痛感或其他触感。第三，神经末梢的解剖分布应反映已知的痒感分布：它们应位于皮肤和外部黏膜，而非在肌肉、关节、脏器当中。

识别潜在的专线痒神经元的一种方法是，尝试确定这类痒检测感觉神经元用来与脊髓目标沟通的神经递质分子，接着用基因操作删除实验小鼠身上的该分子。美国国家卫生研究院（NIH）的桑托斯·米什拉（Santosh Mishra）和马克·胡恩（Mark Hoon）就这样做了，他们根据现有知识，做了一个猜测：痒神经元的神经递质或许是一种名叫 NPPB 的分子。[8] 当对缺失 NPPB 的突变小鼠做检测时，他们发现小鼠在由一系列刺激（包括组胺和氯喹）唤起的痒感上存在严重缺陷。最重要的是，缺失 NPPB 的小鼠对疼痛、温度和轻微触摸的反应都正常。

NPPB 是由感觉神经元末端释放到脊髓背角的目标神经元。这些神经元拥有能结合 NPPB 的受体，接着又把电信号进一步传向大脑。当把人工合成的 NPPB 注入小鼠的脊髓时，小鼠会开始抓挠，看起来就像是在响应施加到皮肤上的痒刺激一样。在把一种特殊的毒素注射到小鼠的脊髓，选择性地破坏了含有 NPPB 受体的神经元后，小鼠就不会再响应皮肤的痒刺激，也不会再响应注射到脊髓的 NPPB。这些结果表明，使用 NPPB 的神经元是痒的专线神经元。[9] 如果真是如此，那么，选择性地激活这些神经元就能造成痒感，而非疼痛或轻微的触摸感。在撰写本书之时，这类实验还有待报告，但若干实验室对此似乎都正在尝试。

支配皮肤的、表达 NPPB 的神经元至少分为两类。它们中的大部分，其表面都承载着受体 MrgprA3，但有些也没有（图 7-2）。当跟踪包含 MrgprA3 的神经元轴突时，我们可发现这些轴突终止于皮肤的表皮，并不深入内脏、肌肉或关节，一如我们对专用痒感受器的预期。实验人员以小鼠为对象执行一套复杂的基因操作，当选择性地激活其皮肤里表达 MrgprA3 的神经元时，小鼠便会做出痒反应而非痛反应。（小鼠对痒的反应是抓挠，对疼痛的反应是搓揉。）这个结果表明，表达 MrgprA3 的感觉神经元是传递痒信息，而非疼痛信息。即使选择性地破坏表达 MrgprA3 的神经元，小鼠对疼痛、温度或轻微触碰的感觉也不会缺损，但它们会在各种形式的痒感测试中表现出痒感的严重缺失。不过，重要的一点是，这种缺失并不全面：它们还会对组胺有明显的反应（大概是由一种不带 MrgprA3 的痒神经元携带的）。[10]

综上所述，以上讨论的这些在小鼠身上进行的 NPPB 和 MrgprA3 基因操作，有力地表明了，**痒至少有一组专属神经元，即表达 NPPB 和表达 MrgprA3 的细胞**。另外，有可能还存在其他专门的痒神经元。也有可能，至少有部分神经元可以同时传递疼痛和痒信息，它们兴许是通过不同的启动放电模式来编码这些感觉的。总之，实验很明显地表明，痒至少存在一条专线通路，但我们还无法排除解码模式在痒感中发挥的作用。

这些结果，对基本的神经哲学问题意味着什么呢？痒的专线构造，显然跟痒的清晰性和独特性是一致的。

虽然我们仍不知道痒信息流在传入大脑的途中还发生了些什么。不过，几乎可以肯定的是，痒信息流跟其他触感信息存在着一定程度的混合，这也潜在地降低了它的特异性。归根结底，最清楚的向导，或许还将来自我们人类的体验：迄今为止研究过的每一种语言当中，都有一个专门的字眼与痒对应。

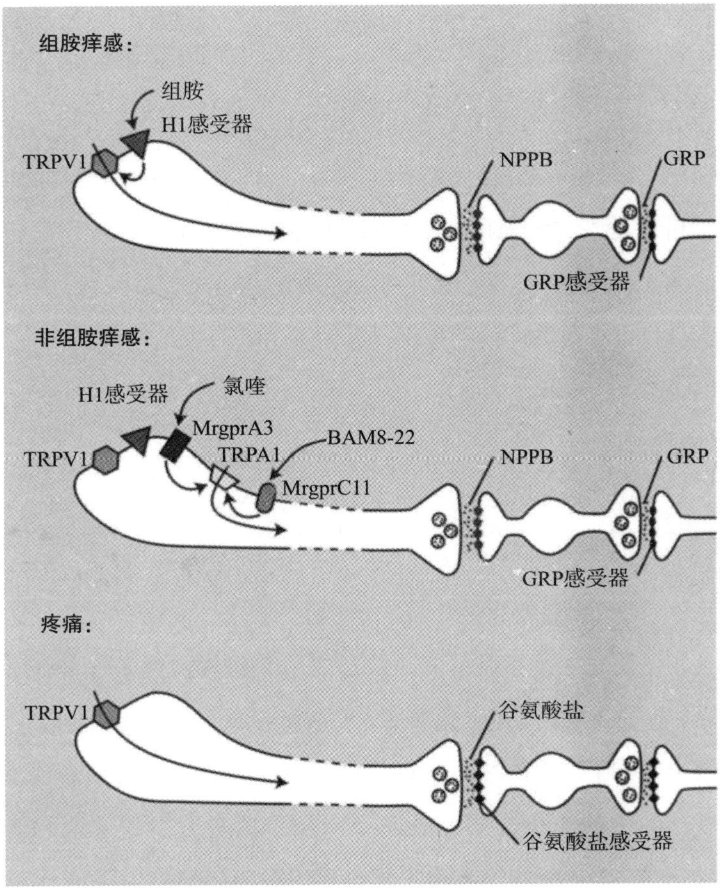

图 7-2　痒的两种不同 C 类纤维通路及其与疼痛的比较

注：神经递质 NPPB 似乎是专门针对痒感神经元的。与此相反，疼痛神经元则释放谷氨酸盐，向脊髓背角里的神经元发送信号。接收 NPPB 痒信号的脊髓神经元有 NPPB 感受器，进而对传送链里的下一个神经元释放出一种少见的 GRP 神经递质。删除带 GRP 感受器的神经元，可以阻断痒感，但不会阻断疼痛和轻微触碰感，这表明痒的这条专线或许是通过横跨两种突触连接来维持的。[11] 痒神经元至少可分为两类：带氯喹感受器的 MrgprA3、主要传导非组胺痒感的神经元，以及只带组胺感受器且传导组胺类痒感的神经元。组胺感受器是靠打开离子通道 TRPV1 来激发神经终端的，而氯喹和 BAM8-22 感受器打开的则是离子通道 TRPAl。[12] 本图仅为大概示意。有可能，痒神经元的种类比图中显示的还要多。此外，我们目前对脊髓中这些信息流之间的突触的相互作用了解还很少。

从实践方面来说，识别出痒的专门感受器和神经递质，将为减少痒感的新疗法打开大门。将来，当用氯喹治疗疟疾时，或许还会同时给患者开另一种阻断 MrgprA3 的药物。因为许多类型的痒都不能有效地通过抗组胺药或其他抗炎药（如类固醇）缓解，选择性阻断 MrgprCll 受体、NPPB 受体或 GRP 受体的新药物，或许可以带来有效治疗。但和所有的药物开发过程一样，这其中也存在不少障碍。例如，NPPB 能在心脏里发挥重要的信号功能，所以，NPPB 受体拮抗剂或许还会带来心脏方面的副作用，因而不适合用来控制痒。

为什么“挠”能治痒痒?

“幸福就是，有了痒痒就能挠。”

——奥格登·纳什（Ogden Nash）

挠痒是很舒服的。即使我们知道挠过之后会更痒，大多数人也还是会忍不住去反复挠。痒的强迫性实在是太强了，而缓解痒感又是如此地舒服，于是“痒”在日常口语中便有了“强烈冲动”的引申意义。创作歌手伍迪·盖瑟瑞（Woody Guthrie）在《迟疑的美人》（*Hesitating Beauty*）里写道：“我知道你正痒痒难耐地想结婚，诺拉·李；我知道我也正颤抖着想做同样的事，诺拉·李。”我们完全明白他说的是什么意思，因为用痒来比喻未实现的渴望真的再恰当不过了。[13]

在一个不那么舒服的实验里，研究人员利用豆科攀缘植物的花穗在志愿者身上诱发了强烈的痒感。一开始，花穗用在了志愿者的前臂、踝关节或背部，接着，实验人员又用小刷子挠擦这些部位。每隔 30 秒，被试就要评价痒的强度和挠擦带来的快感程度。实验人员发现，挠擦背部最能有效地止痒，但挠擦脚踝，则会产生最令人愉快的感觉。[14]

为什么挠擦能暂时缓解痒感呢？对此我们还不完全了解。一种理论认为，我们对痒的感知，取决于汇聚在脊髓某一部位的痒和疼痛信号之间的平衡；我们挠擦的时候，会带来轻微的疼痛，其会与痒感竞争，从而降低痒感。针刺、电刺激或伤害性的冷热感，也能起到缓解痒感的作用。然而，在某些情况下，哪怕是低于疼痛阈值的轻微挠擦，也能解痒。

有一种相关理论认为，当皮肤上出现非常局部的刺激（如小昆虫的腿造成的刺激）时，痒的感觉神经元就会被激活，这一局部感觉会通过脊髓不受干扰地传入大脑，唤起痒感。然而，只要随后抓挠该区域，便可激活皮肤上更大范围的触摸感受器，调动脊髓里的抑制回路，从而减少传入大脑的痒感。[15] 这可能是进化为我们内置的功能，令小块的局部皮肤都能感受到痒，以便唤起我的条件反射般的抓挠，减少我们受昆虫毒素侵害及受感染的可能性。[16]

药物致“痒”

众所周知，海洛因和羟考酮等鸦片类药物也能引发剧烈的阵发性发痒。吸食海洛因的人经常认为能带来强烈痒感的才是好的，他们想得很对：痒和海洛因作用于精神的能力相关。解毒辅导员和缓刑监督人员都知道要留意抓痕，因为那是长期服用毒品的迹象。临床环境下也有由阿片触发的痒：大约 80% 用阿片类药物缓解疼痛的患者都有过瘙痒体验，哪怕阿片被直接注射到了包围脊髓的流体内，已最大限度地减小了其对大脑和感觉神经元的直接作用，但患者仍然会觉得痒。

多年来，人们认为阿片引发的瘙痒是缓解疼痛的副作用。因为如果疼痛和痒感信号在脊髓汇聚和竞争，那么，阻断疼痛信号，就会让力量的天平倾向痒的那边。这个假设完全合乎情理，但事实证明，它也错得离谱。阿片类药物的镇痛和瘙痒触发效果，是两个完全独立的现象。位于脊髓背角 II 层的一组神经元接收疼痛信号，表达 μ-阿片受体。当海洛因等鸦片制剂与 μ-阿片受体相结合时，通往大脑的电信号传播就会受阻，进而减轻疼痛。（阿片模仿了下行疼痛调节系统释放内啡肽的自然行为。）脊髓里另一组独立的神经元，位于脊髓背角 I 层，接收从神经递质 GRP 中继传输来的痒信号。这些痒信号神经元表达为杂合受体：一部分是 GRP 受体，另一部分是一种特殊类型的 μ-阿片受体，名为 MOR1D。当服用阿片时，镇痛和瘙痒虽然会同时产生，但这两种感觉，却是由独立的受体分子介导的，且在脊髓里有着彼此分离的神经回路。好消息是，这令研究人员有可能设计出新的治疗药物组合或者新类型的吗啡衍生药品，它们缓解疼痛的同时，却不会致痒。[17]

大脑“痒系统”受损的后果

正如大脑里没有对应疼痛的单独位置，大脑里也没有哪个区域是专门对应痒感的。实际上，在总体的、低分辨率的感觉中，痒和疼痛激活的脑区是相似的。痒同时会激活分辨感觉的脑区，如丘脑、初级和次级体感皮层，以及更侧重情感情绪认知的区域，如杏仁核、脑岛、前扣带回和前额叶皮层。疼痛回路请参见图 6-4。疼痛和痒还都会最终激活参与运动规划和协调的脑区，并分别产生调制性的后退和抓挠反应。[18]

导致慢性瘙痒的大脑损伤和脊髓损伤的形式有很多，包括外伤性损伤、某些类型的中风、脑肿瘤、感染、多发性硬化和其他自身免疫性疾病。感觉神经受损（压伤、外伤、肿瘤、糖尿病或感染）也会带来慢性瘙痒。[19] 一如疼痛，感觉神经和大脑之间的互动很复杂，如果传送痒的感觉神经受损，那么其就会传给大脑错误的痒信号。大脑会受到这些信号的持续轰炸，或者也会缺失正常的痒信号，最终导致大脑对痒回路重新布线。例如，截肢患者除了会有幻肢痛，也会出现幻痒。

最常见的一种瘙痒是患上带状疱疹后因神经元受损伤而导致的。带状疱疹是由带状疱疹病毒引起的一种常见的感觉神经感染，其特征是伴有痛苦的皮疹，老年人和免疫系统受损的人常会受其影响。带状疱疹会破坏感觉神经元，如果出现在头部，那么则会导致一种慢性的、令人发狂的痒，且抗组胺或类固醇药物都无法有效缓解这种痒。

医学文献里有一个与带状疱疹致痒有关的、引人注目的案例。一位 39 岁的女患者 M.，她染上了带状疱疹，但在抗病毒药物的帮助下，已经痊愈。[20] 然而不久后，她觉得右前额又麻又痒，于是就用指甲去抓。当 M. 为此问题求医时，皮肤科医生发现她的皮肤并无感染，也没有过敏反应，用抗炎膏剂也不能缓解痒。于是，医生告诉她，她的这种痒是由精神疾病引发的，也就是由抑郁和强迫症造成的。可用药物治疗这两种情况后，也未能解痒。白天，M. 有时还能抵抗抓挠的冲动，可到了夜里，她却会在梦里疯狂地抓。她试过戴帽子睡觉，但到了早上，她总能看到帽子落在一边，枕头上则有血迹。随着时间的推移，她抓掉了自己发痒部位的一块头皮，还留下了疤痕。在带状疱疹痊愈 10 个月后的一天上午，她惊恐地发现，有一种恶心的液体从自己脸上流了下来。

M. 来到马萨诸塞州总医院急诊科就医并很快确诊，原来她竟然抓透了自己的皮肤和颅骨，让大脑暴露在外了（见图 7-3）：流出的液体是她自己的脑脊液。外科医生对伤口做了植皮覆盖，但 M. 很快又在睡着时把植皮抓掉了。之后，医生给她戴上了泡沫头盔，并在睡前用结实的带子把她的手腕固定住了。而对 M. 进行的精神病检测显示，她并没有强迫症，也没有产生幻觉，只是会无法控制地抓挠，这让她威胁到了自己的生命。整整两年，她都被关在上了锁的病房中，直到多年以后，才能独立地生活。她终于能够控制自己在夜晚的抓挠了，也能采取相应的应对策略：如果非挠不可，她会把一张柔软的布卷起来挠。抓挠给她大脑造成的损伤，已让她左侧身体部分瘫痪，还改变了她的性格，这是额叶损伤经常会出现的情况。

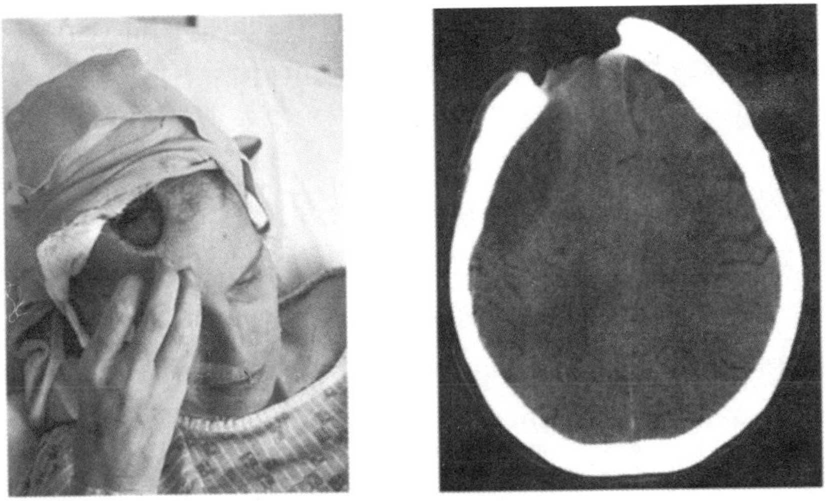

图 7-3　患者 M. 的 CT 扫描图

注：患了带状疱疹之后，这名 39 岁的女性的右额头出现了可怕的奇痒。带状疱疹导致她这个位置的皮肤麻木了，所以她感觉不到疼痛，并最终挠破了皮肤和头骨，一直挠到了大脑。CT 扫描展示了头骨上的洞，以及暴露的右额叶，还有下面的脑组织损伤。

资料来源：From A. L. Oaklander, S. P. Cohen, and S. V. Y. Raju, "Intractable postherpetic itch and cutaneous deafferentation after facial shingles," *Pain 96* (2002): 9-12, with permission of Elsevier.

伴随 M. 可怕的带状疱疹之后的奇痒的神经病学成因尚未被完全弄清。除了右额头上的长期发痒部位，M. 其余皮肤部位的轻微触摸、温度、疼痛和痒感都正常。而奇痒的区域，则存在着严重的触感缺陷，其对轻微的触摸、温度和疼痛都感受不足，这也解释了为什么 M. 连皮肤都挠破了，却完全没被疼痛压倒。组织活检显示，M. 该部位皮肤的感觉神经已经死掉了大约 96%，但用阻止神经启动放电的麻醉凝胶仍可暂时缓解痒感，这表明残存的少数神经纤维足以触发难耐的痒感。相反，同一批神经纤维也可以传递信号，让患者做出抓挠反应，以缓解痒感。

从某种意义上来说，M. 那个损失了大部分神经纤维的右额部分，很像是被截掉的肢体：大脑从身体的一个区域接受到了稀疏和反常的信号，并解读这些信号。也有可能，大脑已对自己重新布线，以响应神经损伤，而重新布线又参与了慢性瘙痒。痒不仅仅是大脑痒中心活动的结果，因为阻断额头残存的感觉神经信号便能带来暂时的缓解。大脑功能完全正常，但该慢性瘙痒完全是感觉神经发送信号异常所致也不大可能。可能性最大的解释是，残存的感觉神经信号触发了大脑痒中心的异常活动，带来了地狱般无法忍受的奇痒。

痒和哈欠一样，也能传染

在德国大学城吉森，那些来参加免费公益讲座的人们没有意识到，自己已成了一场不寻常实验的被试。讲座由一家公共电视台合作主办，其标题是："痒——背后有什么？"大厅里的摄像机和扬声器都对准了观众。实验的目的是要确定是否可以通过展示蚤、螨、皮肤抓痕和皮疹的图片来诱导观众产生痒的感觉。而给对照组展示的则是淋浴的人、母亲和婴儿照片（柔软、水润的皮肤暗示没有瘙痒）。自然地，在与痒相关的图片的诱导下，观众抓挠的频率大幅提升了。[21] 研究人员随后又在实验室环境下使用以痒为主题的视频做了实验，确认了这一基本发现，即被试经历这一社会传染性的痒感，无须皮肤事先存在任何状况。[22] 有人针对这一现象提出了一种有趣的解释，即共情能力强的人看到其他人抓痒痒，他们自己也更容易觉得痒。然而，实验也对被试做了个性调查，却并未发现共情能力和社会痒蔓延之间存在相关性。相反，**最容易体验到负面情绪的人（高度神经质），是最容易体验到社会痒蔓延的**。[23]

为什么看别人的手指被铁锤砸了，我们通常不会缩回自己的手指，但看到有人抓痒痒，却会让我们也感到痒，并且自己也会开始抓挠起来呢？最合理的猜测是：在人类的大部分历史上，我们都会经常接触带疾病和病毒的寄生虫。在这样的情况下，如果你注意到旁边的人在抓挠，那么，你也有充分的理由相信自己也面临着相同的昆虫、蠕虫等危险，因此感到痒并开始抓挠以便减少受害概率的做法，是适应环境产生的。与此相反，疼痛的社会传染性弱，因为大部分疼痛的成因一般不会在人与人之间传播。

想像你在地铁车厢里，坐在你旁边的人开始无法控制地抓挠自己。那个陌生人显然很痛苦，但实话实说，你的第一反应是同情还是反感？安德烈·纪德（André Gide）审视了这一问题：

> 我痒了好几个月了……最近它变得越来越无法忍受，这几天晚上，我几乎完全无法入睡。我想起乔布找了一片玻璃来给自己抓痒，福楼拜在生命最后阶段的通信里也提到过类似的瘙痒。我告诉自己，人人都会碰到麻烦，渴望改变它们是最不明智的；但我相信，真正的疼痛能让我少分些心，说到底我也容易忍受一些。而且，在疼痛的尺度上，真正的疼痛是高尚的东西，更令人敬畏；而痒却是一种卑贱的、难与人言说的可笑疾病。人们同情受苦的人，可克制不住想抓挠的人，却往往会使人发笑。[24]

难耐的痒也许是最糟糕的感官折磨。或许，但丁应该把它留给地狱最底层那些最坏的罪人。抓挠的冲动排山倒海般地袭来，可要是我们真的这么做了，周围的人却会缩着身子躲开，还会把我们看成是身上有虫子，还意志薄弱的双重的倒霉蛋。

08

错觉与超验

TOUCH

The Science of Hand, Heart, and Mind

你回头，发现正好有人在看你；

你从梦中醒来，却发现自己怎样都无法动弹……

这一章，将告诉你种种神秘触觉感受背后的真相。

真正的触觉世界是极其混乱而复杂的。它并不由能轻易分离开来的触摸刺激构成，你不可能说是先感觉肚子这里有点疼，紧接着才是胳膊上出现的轻柔的爱抚。在 20 世纪早期，研究知觉的心理学家逐渐意识到，许多最重要、最叫人闹心的触觉感受，如潮湿、油腻或黏稠，恐怕并不是那种由皮肤里的专用检测器所检测到的基本触感，而是一种触摸混合（touch blends）。这些古老的科学论文读起来很有意思。普林斯顿大学的齐格勒（M. J. Zigler）想通过实验来探索带来“黏稠”感的因素，他使用了一系列令人悚然的刺激。他在 1923 年引述了早前一位研究人员的话：“在黑暗中，把手指放在冷掉的煮土豆上，你会摸到一种可怕的湿黏感。”而在他自己的研究中，齐格勒发现冷掉的煮土豆还不够湿黏，于是他决定寻找更有效的触觉刺激。齐格勒最终选中了塞满了湿润燕麦片的、潮湿的儿童手套。他的结论认为，湿黏是一种混合的触感，其中最明显的是冷和软的感觉，并进而指出，“真正的湿黏体验”总会让人觉得不愉快。[1]

为研究触摸上湿的感觉，康奈尔大学的本特利（I. M. Bentley）首先努力消除了其他感觉。他把被试的眼睛蒙住，在他们的耳朵和鼻子里塞满了棉花；接着固定住被试的右手，且掌心向下，只伸出中指垂在桌子外边。测试的液体包括汞、石油、水、奇亚油（Eldorado）[2]、糖蜜，苯和乙醚，它们都被倒在烧杯里，并被一套滑轮系统小心地提升到高位，以浸没被试的中指。本特利认为："通常，湿润被视作一种单独的东西。当手指触摸湿面或浸入液体，或者将身体泡在液体里时，人们就会说：'觉得湿了。'这是心理过程及其意义产生混淆的一个明显实例；本例中，也即感觉与感知的混淆。"写了很多页之后，本特利总结说：湿润的感知同样是一种触觉的混合，其会受温度和压力的强烈影响。[3]

上述两种相对复杂的触摸感知，是本特利和齐格勒提出的混合性质说正确，还是说，我们总有一天能找到单独的湿、黏（或者粘、腻）专用感觉神经元里的检测分子？几乎可以肯定，答案是前者。不管是记录单感觉神经纤维的人类感知实验，还是分子遗传学研究，都未指出这些感觉有专用的感觉神经元。

你可能会认为，校验触觉混合存在的正确性，是个无足轻重的举动，毕竟，有谁会期待湿和黏的感觉还有专用的感觉神经元呢？但是，基于过去的经验教训，我们应该保持谦虚谨慎的态度。毕竟，我们花了很长的时间才找到痒有独立感受器的有力证据，在此之前，也有主张痒是触觉混合感受的。这是生物学的根本趋势：再多的哲学推理、语言分析或内省，都解决不了这类问题。

了解触摸，我们还在路上

那么，对于触摸，我们已经有了哪些了解了呢？从皮肤开始，我们存在着各种神经末梢，既有裸露的神经，也有具备狂乱复杂形状的专门结构。这些神经中的每一种，都是由进化微调出来的分子机器，用来提取触觉世界信息的不同方面。而将信息从皮肤的触摸感受器传输到脊髓的神经纤维，主要（但并不完全）会专门针对一种类型的机械性刺激感受器：一种针对粗糙的纹理，一种针对振动，还有一种针对拉伸。出人意料的是，爱抚和痒也有专门的感受器，性触摸也很可能有。这些信息流，一部分由快速纤维传递，一部分由慢速纤维传递，故此，信息到达大脑的时间会有不同程度的延迟。大多数情况下，慢速传递的信息，如从爱抚感受器或第二波疼痛中传来的信息，会激活大脑触摸回路里的情绪情感认知部分；而快速传递的信息，如从传统机械性感受器传来的信息，则会激活大脑的感官辨别中心。来自这些专用探测器的触摸信息流，会跟注意信号、情绪状态和过往历史结合起来，当我们有意识地获取触摸感觉时，它们便可表现为统一且有用的知觉形式，既有分辨的特质，也有情绪的特质。

最重要的是，我们的大脑并非是被动地接受触觉信息；相反，它可以发送下行信号到脊髓，在触摸信号还没到达大脑前，就将其增益调高或降低。这些在下行疼痛系统中最容易研究，但跟触摸的其他方面也可能相关。大脑和脊髓的触摸回路是被塑造出来解决特定进化问题的：如何寻找食物，避免危险，交配，保护后代，等等。实际上，所有的触摸感觉（或者任何形式的感觉），归根结底都是为采取行动而服务的。我们的触摸回路不是为了忠实地报告外界信息，而是为了根据期待（源自人类祖先的历史经验或我们的个人经验）对触觉世界做出推论。最后，我们认识到，人际接触，不光在早期人类发展中发挥着特殊作用，而且，其至今在整个人类的社会生活里仍然举足轻重，不仅能促进信任与合作，还会深刻地影响着我们对他人的看法。

所有这些关于触摸的发现都有着深刻的意义，因为它们有助于我们理解人类体验的一个关键方面。但眼下，我们对触摸的整体研究还相当有限。我们需要付出比摸一副装满湿乎乎燕麦片的儿童手套更多的努力，来扩展我们对触觉世界的研究。我们不光要探索混合的触摸感觉，还要探索触感与非触感结合起来造成的效果。最后，我们应当超越简单的触摸感觉，去研究错觉、日常幻觉等现象，以及乍一看只有用超自然才能解释的超验触摸体验。

自己无法胳肢自己

我的双胞胎孩子娜塔莉和雅各布大约在 3 岁的时候，便开始玩一个游戏，这个游戏不可避免地会以眼泪和伤痛结尾。孩子们各自站在卫生间门的一侧，然后轮流朝着对方推门，边推边笑。孩子们相处得很好，虽然从未做过传统的推推搡搡比赛，但他们很喜欢浴室门游戏。这项活动很有趣，因为两个孩子都不在对方的视线里，这会让他们产生门是一个主体的错觉，就好像它有了生命力，就像动画片里的东西一样。

虽然比赛是从轻轻推开始，但孩子们总会越推越用力，直到其中一人被门砸到头，这时当爸妈的就要露面来宽慰平抚孩子的情绪和伤痛。

“娜塔莉，你为什么要把门推到雅各布的脸上呢？”

“不是我的错。我们轮流推，但每次他都越推越用力，所以我也只好按他那么大的力量推回去。”

“才不是，娜塔莉！”雅各布插嘴道，“你才越推越使劲呢，不是我。”

“才不是！就是你！”

这种力量升级的现象虽然存在社会因素，但它的核心解释其实还是来自处理触摸的神经生物学。我们大脑的接线方式，对源自我们自身运动的触觉信号的关注度很低，而对源自外部世界的触觉信号的关注度则很高。例如，当在大街上行走时，我们很少会注意到衣服在皮肤上摩擦运动的感觉；但当我们原地不动地站着，再体验到相同的感觉时，那么这些感觉就会变得很明显，我们也会立刻给予关注：什么人或者什么东西，在跟我们产生摩擦？这种反应其实是合理的。外部产生的感觉最有可能引起我们的关注，因为它们有着潜在的威胁性，或是有着其他突出的特性（调情、美味、困惑，等等）。

在浴室门游戏里，娜塔莉和雅各布都试着在交替的回合里匹配对方的推力。然而，这是一个几乎不可能完成的任务。如果娜塔莉用 2 个单位的力推，那么雅各布伸出的手能感受到 2 个单位的力。然而，当他尝试使出相同的力量时，他却会用 3 个单位的力。为什么呢？因为雅各布自己产生的 3 个单位的力，在手掌皮肤上造成的压力感，跟他姐姐使出的 2 个单位的力一样。接着，娜塔莉感到雅各布使出了 3 个单位的力，于是也试着想跟上，结果就使出了 4 个单位的力，一来一回地，他们就打起了“世界大战”。[4]

在很多不同的触觉环境里，我们都能发现自生触摸的感知衰减。我们在第 6 章中讨论过，与别人带来的或电脑触发的随机刺激造成的疼痛相比，人对自己造成的同等程度的疼痛的评级更低，往往认为它并不那么激烈，而这带来的不快也更小。当然了，有伴侣的性行为（对方独立运动），跟自慰的感觉也是截然不同的。自慰时，你的大脑能预测自己的刺激动作（哪怕你使用振动棒等机械设备）。

自生触摸感觉衰减的神经基础是什么呢？痒研究提供了一个最显而易见的答案，即大多数人无法有效地胳肢自己，自己胳肢带来的触感，也比别人胳肢自己所带来的要弱得多。伦敦神经学研究所的萨拉 – 杰妮 · 布莱克莫尔（Sarah-Jayne Blakemore）和同事们做了实验，他们让被试在大脑扫描仪里接受胳肢，或根据指示自己胳肢自己。实验做了精心控制，无论是让他人胳肢还是让自己胳肢，胳肢的位置、力度和模式都是一样的。胳肢激活了触摸回路里的感官辨别部位（如初级和次级体感皮层），以及情绪 – 情感认知触摸回路里的某些区域，如前扣带回。当用自我胳肢重复实验时，跟他人胳肢相比，大脑触摸中心的激活程度减少了。与此同时，自我胳肢却对小脑产生了强烈的刺激。小脑接收触觉信号和来自大脑其他区域的发起行为的指令，如流过神经元的控制手部和胳膊肌肉的电信号。如果动作指示与来自皮肤触摸感受器的感觉反馈特别关联，小脑就会被激活。接着，小脑便会给大脑的触摸中心（和其他区域）发送信号，削弱激活程度，令自我胳肢过程中的痒感变弱。[5]

自己无法胳肢自己，原因在于胳肢运动和触摸感觉之间紧密相关。把电脑胳肢机[6]放在胳肢自己的手和皮肤之间，把手部运动转化为皮肤上的运动，这样就不是在直接胳肢自己了，而是会有200毫秒的延迟，而且，这样的话，自己胳肢自己产生的痒感也会强烈很多。如果电脑再改变胳肢的方向（如把上下运动变成左右运动），那么自己胳肢自己的效力也会进一步增强。这些条件下的大脑成像结果显示，当运动命令与被胳肢身体部位的皮肤的感觉分开时，小脑活动就会减少，结果便会提高大脑触摸回路的激活度，并让被试更加怕痒。[7]有趣的是，有些小脑受伤的人能有效地胳肢自己，一部分患有精神分裂症（可能同时也患有小脑功能障碍）的人也能。因为在这两种情况下，将运动指令与感官反馈进行对比的小脑回路可能存在故障。小脑功能不良的结果是，自发的触摸，感觉起来就好像是来自外部世界一样。[8]

可怕的“鬼压床”

精神分裂症或小脑损伤患者身上出现的触觉混乱现象，让我们想起了另一种大多数人都体验过的状态：当睡觉做梦时，我们常常会产生幻觉，并会为感觉的产生源头困惑不解。一位刚被从REM睡眠阶段（故事般的梦境最有可能出现的阶段）唤醒的女性曾报告，此时她对自我胳肢的响应要比常规时的大。[9]或许，在REM睡眠期间，皮层和小脑之间用于对话的相关回路会被抑制，直到醒来一些时间后才能重新启动。在REM睡眠中，命令从大脑的运动控制中心流出时会被主动地阻断，无法到达脊髓并最终控制肌肉。因此，此时身体几乎是完全无力的，就连在睡眠其他阶段中能正常收缩的肌肉都会放松下来。出于这个原因，你无法在椅子上维持 REM 睡眠，因为你总是会栽倒并醒过来。[10]

REM 睡眠中出现的弛缓性麻痹也会带来另一种现象。虽然大多数人从 REM 睡眠中被唤醒后会迅速恢复对肌肉的随意控制，但有些人从 REM 睡眠中醒来后却要花上数十秒甚至几分钟，脊髓运动信号的阻断才能最终得到缓解。此时，虽然人已经清醒了，但却只能暂时保持瘫痪状态。虽然他们产生了运动信号，但却得不到触摸和本体的相应反馈，故此大脑得出推论：身体上肯定压着重物，所以才无法运动。这种可怕的触觉幻觉相当常见[11]，许多文化中都有的梦魇压在胸口或腹部的传说，兴许就是受此影响（见图 8-1）。

图 8-1 《考文特花园夜惊梦》

注：名叫“梦魇”（incubus）的男睡妖，把身体压在熟睡者的腹部。在许多传统中，人们认为跟梦魇性交，可能会让人生病或死亡。梦魇（也有女睡妖，叫“succubus”）的传说可能部分源自睡眠麻痹的现象，从带有故事情节的梦里醒来时，人们总会觉得身体沉重。这幅蚀刻版画，名叫《考文特花园夜惊梦》（*The Covent Garden Night Mare*），1784 年由托马斯·罗兰森（Thomas Rowlandson）所绘。它讽刺性地改编自亨利·福塞利（Henry Fuseli，1781）的名画《恶梦》（*The Nightmare*）。原版为一个年轻貌美的女性，而这里却变成了英国政治家查尔斯·詹姆斯·福克斯（Charles James Fox）。

资料来源：Used with permission of the City of Westminster Archives Center.

“皮肤兔”与“羊皮纸皮肤错觉”

感官错觉也可以很好玩，并能让我们掀开帘子，一窥大脑的潜意识感知策略。触摸领域存在多种错觉，其中我最喜欢的一种名叫“皮肤兔”（cutaneous rabbit）。[12] 你闭上眼睛，我在你前臂内侧以相同的时间间隔连续地快速轻击 6 次，前 3 次击在你手腕上，后 3 次击在你胳膊肘内，你会感觉到手腕上的第 1 次轻击，但随后的 5 次似乎都是顺着胳膊肘的方向，从没受轻击的皮肤一路跳上去的（见图 8-2）。我们知道，这种效果源自大脑，而非皮肤的某种机械作用，因为哪怕麻痹皮肤的间隔区域，也能感受到相同的“兔跳”。而且，当产生皮肤兔错觉的被试接受大脑扫描时，其激活模式与错觉体验也是匹配的：体感皮层胳膊脑图沿线的间隔弹跳部位都被激活了。[13]

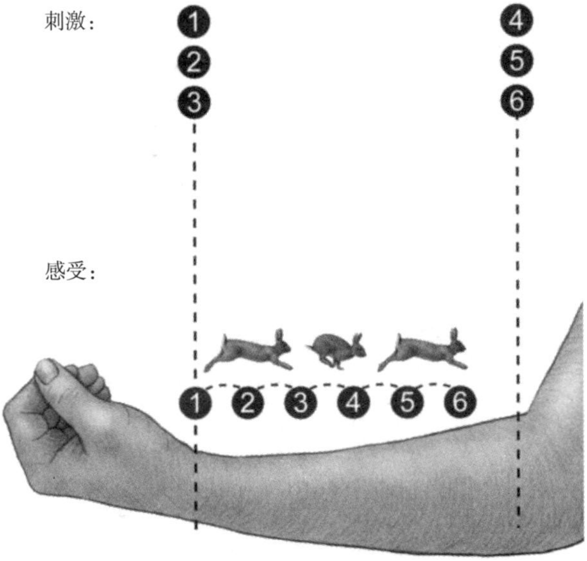

图 8-2　皮肤兔错觉

注：在手腕上快速轻击 3 次，接着又在胳膊肘上轻击 3 次，在感知上却是手腕被拍击了 1 次，紧接着轻拍刺激是顺着前臂连续往前跳的。

虽然我们还不完全了解皮肤兔错觉的神经学基础，但最合理的一般性假设还是跟期待有关系。不管是从我们在世界上的个体经历，还是从人类物种的基因编码历史来看，我们都倾向于认为轻拍刺激大多会顺着皮肤慢慢地前进。这样一来，如果三四次拍击之间发现较大的空间间隔，那么第 4 到第 6 下拍击的感觉就会跟这类信号慢慢前进的期待混合起来。故此，肘部和手腕之间某中间位置的单次拍击，其感知就来自大脑的推理：在从手肘皮肤收到的触摸信号与缓慢运动的事前期待之间做了折衷。更奇怪的是，对第 2 和第 3 次拍击的感知也发生了改变。

这种效应叫作“后见之明”，它依赖于皮肤受到拍击和感知到拍击之间的短暂时间间隔（大约 0.2 秒）。在此感知延迟期间，大脑会根据持续涌入的信息流，将之与期待混合，调节触摸处理，并及时回传，改变对刚才发生的事件的感知。[14]

我们的大脑会很自然地把来自多种感官的信息结合在一起，并创建对事件和物体的整体感知。如果触摸感觉跟另一感官刺激（如声音）结合起来，那么事前期待也会带来错觉。

例如，如果你让手掌相互摩擦，就像老电影里坏蛋筹划阴谋时那样，那么你会同时感到手掌皮肤的感觉，并听到摩擦带来的耳语般的噪声。曾有人设计过一个巧妙的实验，他让被试摩擦双手，并在附近用麦克风拾取相关声音，然后通过耳机回放给被试。一些人的耳机传来的声音不变，而另一些人耳机中的声音却被做了修改，即提高了高频声音组件，让被试感觉自己的皮肤更光滑、更干燥，就像纸。所以，这种效应的名字叫作羊皮纸皮肤错觉（parchment-skin illusion）。用电子电路将音频反馈延迟 1/10 秒，幻觉就失效了，被试的皮肤感觉也正常了。为了让大脑把高频声音转换成更平滑干燥的皮肤感觉，声音听上去必须像是来自手掌互相摩擦这一行为。[15]

1846年，现代心理学奠基人之一恩斯特·韦伯（Ernst Weber）报告说，把一枚冰冷的大硬币（普鲁士银塔勒）放在前额，感觉起来会比一块暖和的硬币更重。这是一个明显的效应：实验中，大多数被试都感觉冰冷的硬币比暖和的硬币要重4倍。把硬币放在前臂，也出现了类似的结果。[16]一般来说，我们并不会自然而然地认为冰冷的物体更重，所以，这一效应最说得通的解释来自感觉神经，而非大脑。许多默克尔触盘感觉神经元（持续响应压力）也会被皮肤上突然的冷却所激活，[17]而这一激活大概就是温度—重量错觉背后的原因。记住这一条吧：不是所有的触觉错觉都来自事先期待（或大脑的任何处理），它们也可以单纯地来自皮肤感觉神经元的调谐。

超验：思想与皮肤的双方会谈

现在让我们从错觉进入超验。几个月前，我搂着Z.。她的皮肤感觉美妙极了，不光柔软、温暖，而且还带电，会发光。我们抚摸着彼此的胳膊、脖子和背，那感觉真是了不得：有一瞬间，我们俩都感到了爱情吸引电流的“嗡嗡”声。几分钟后，我们继续抚摸、聊天，可出现了小小的分歧，那是宁静而甜美插曲里的一阵小涟漪。只过了几分钟，轻微的裂痕就消失了，我们又变得亲密起来，她问：“你发现没？只要心情一改变，我们的抚摸感觉起来就会完全不同。好像是皮肤纹理上有什么微妙的东西，把抚摸从电感变成了平凡。可矛盾一解决，你是否也觉得带电的振动又出现了？”的确如此。

几乎人人都经历过爱抚那美妙和心意相通的感觉。我们如何从神经生物学的角度去理解它呢？这并不仅仅是因为爱抚的感官性质就是柔软、温暖、顺从。

毕竟，搂着你的猫也叫人愉快，它有时甚至比你的人类伴侣更柔软、温暖，但它身上却没有浪漫的光芒。[18]当然，爱抚感觉的很大一部分也可以用大脑内部触摸感知的情绪认知调制来解释。我们已经讨论过这些状态影响疼痛感知的方式，它们有可能也会影响其他触感这一点不足为奇，但爱抚的通电振动感，却无法完全用大脑里发生的事件来解释。

除了传输触摸信息到大脑的感觉神经，还有促使大脑真正改变皮肤性质的自主神经纤维。人的情绪状态能在潜意识中激活自主神经系统，进而影响皮肤，尤其是前臂皮肤的出汗和局部血液流量，并让汗毛竖起。当然，这些由情绪驱动的皮肤变化，还会伴随着其他身体变化，如呼吸、心脏速率、核心肌肉张力，等等。当我们的情绪状态改变了我们的皮肤，如让我们流汗、汗毛直立时，也会对人际触摸造成回弹效应。被直立毛发所激活的爱抚和其他感受器，其对运动的编码跟被抚平毛发时所激活的不同。同样，当探索伴侣的皮肤时，一层汗水便会影响纹理和压力感受器的激活方式。这些皮肤特性的潜在变化能让你的皮肤在伴侣那儿感觉不同，而你对伴侣触摸你时对方的反应的感知，也会调制你自己的情绪状态。**这不仅仅是思想相通、皮肤碰撞，还是思想与皮肤之间的双重对话，最理想的情况下，它将以积极的方式，从这个人身上反弹给那个人。**[19]

我们的身体真的会预言吗

我们的身体图式（body schema），也即大脑内部的身体空间映射图，会随着我们触摸、控制周围无生命的物体而扩大、变形，以将这些物体包含在内。这就解释了为什么开着车通过低矮的过街天桥时，我们会本能地低头；为什么得克萨斯州戴牛仔帽的警察走进国会大厦门口会低下脑袋，因为他们的帽子已经自动变成了身体的扩展部分。同样，挖沟渠的人的身体图式会将手里的铲子纳入进去；

小提琴家的身体图式会把琴弓纳入在内。在这两个例子中，铲子和琴弓的功能，都是触觉感受的附加体。[20] 但身体图式里这些有用而古怪的效应，并不仅限于我们实际触摸的东西。我们还可以响应完全跟身体没有接触的感官刺激。

我孩子小的时候，很喜欢反反复复地让人胳肢他们。很快，我就知道了一件所有家长都知道的事：一旦孩子被胳肢逗笑了几次、蜷缩起了身子，你甚至不用碰，就能让他们咯咯笑到抽筋。在他们肋骨上方几厘米的位置晃动你的手指，通常就能让把戏生效。你胳肢的时候，爱发出一种特定的声响（我会发出一种像蜂鸟似的高亢“呜呜”声），如果假装胳肢时你也发出同样的声音，那么效果就会更好。大多数人成年以后都会丧失这种对假胳肢的敏感性，但也有人会一直保留下来。

对现代成年人来说，类似假胳肢的事情是手机幻振。马萨诸塞州一所学术性医疗中心的医务工作者所做的调查显示，68% 的手机用户都报告说，有时会感到手机在振动，但实际上它并没有振动，而在有些个案中，当事人甚至根本没有带手机。13% 的受访者说，每天至少有一次能感受到手机幻振。把手机放在胸前口袋的人比夹在皮带上的人更容易体验到手机幻振。[21] 虽然假胳肢的非触觉刺激（但涉及画面和声音）被感知成了触摸，但手机幻振却来自完全没有的刺激，可以说是完全的幻觉。假胳肢和手机幻振都是先前个人体验所带来的期待的产物。如果用大脑扫描仪检查这些现象，那么两者很可能都会在大脑初级体感皮层身体映射图的相应位置表现出激活状态。

“拇指轻轻动，必有恶人来。”

——威廉·莎士比亚，《麦克白》第四幕第一场，女巫乙之语[22]

人们喜欢谈论神秘的触觉感受，类似莎士比亚笔下女巫的预感。

“我爷爷能靠患有关节炎的膝盖，感觉到天气的变化。”

“坏消息到来之前，我总会脖子发痒。”

人们一般会用敬畏（有时或许是以强调）的语气说出这些话。其含义是，这些现象不能完全靠自然知识来解释，还需要这样或那样的超自然解释。就关节炎膝盖一例而言，人们可以猜测，或许是天气变化之前的气压变化影响了膝关节组织的构造，故此便能提供一种符合情理的解释。然而，大量的证据都否定了这一设想[23]：尽管自希波克拉底（约公元前400年）时代以来，人们普遍怀有这种信念，但研究并未发现关节炎疼痛和天气之间存在明显的联系。[24]而预感性的脖子痒，最有可能的解释是回忆偏差：当事人忘记了坏消息到来时脖子不痒的情况，而只想起了脖子痒的例子，故此在两者之间建立起了可疑的相关性。

看得出来，和大多数科学家一样，我很怀疑这些说法。但就在一个星期前，当我走进一家餐厅时，突然觉得后脑勺有一种奇怪的刺感，这让我产生了被人盯着的强烈感觉。我回过头去，果然，两张桌子之外，一对老年夫妇正直愣愣地看着我。我挥挥手，他们的视线便迅速转回到自己的盘子上，一切又恢复了正常。我们都体验过被人盯着所带来的触觉感受。当然，回忆偏差在这里也有一定的戏分。我倾向于记住转过身发现有人看着自己的情况，而忘掉那些转过身却并没有人看着自己的经历。话是这么说，但我不太相信回忆偏差足以对这一现象做出完整的解释。

充分的证据证明，在实验室里如果剥夺了所有相关的感官信息，那么我们便无法检测到身后有人，更别说身后有没有眼睛在盯着自己了。但现实世界中并不存在这样的感官信息剥夺。我们的视野边缘可以检测到不曾被有意识地感知到的物体和运动。如果事件完全发生在我们的视野之外，那么我们往往也能感知到其他线索，如声音停止，人们压低了说话的声音，或是房间门打开后的气压改变。最重要的是，这些感官线索对我们感知的影响，并不需要我们有意识地去注意它们。和手机幻振一样，当我们听到对话停止、身后的声音节奏或音量发生改变，或感觉到伴随着开门而来的微风时，大脑就会根据过往的经验推断，创造出并不存在的触觉感受。就我的例子而言，这样的信号解释了我后脑勺感受到的刺痛。

当面对深深的悲伤、狂喜或违反直觉的体验时，我们都想去寻求超自然的解释，这是一种基本的人类反应。触摸具有内在的情绪，所以触摸体验不可避免地会受制于此种倾向。可惜，解释神秘或超验的触摸感觉，并不需要超自然。

不管是浪漫爱情里带电的触摸，被人盯着看时那种不安的感觉，还是借助思想上的练习缓解疼痛，以及新生儿茁壮成长、凝聚社群所必需的触摸，只要我们理解这些感觉来自人类皮肤、神经和大脑的进化性质，触摸的超验方面就不言自明了。归根结底，触摸生物学告诉了我们，自然和超自然一样，都是深刻的人类现象，也深刻地符合人性。

致 谢

有读者问："大卫，就你对触摸感觉的研究，你是否认为……？"

我不好意思地插嘴回答说："呃，其实……"

读者的推测是合理的。我是研究大脑的，还写了一本关于触摸的书，因此觉得我在实验室里研究触摸的生物学是很自然的事情。不过事实并非如此。从记忆到大脑损伤后的功能恢复锻炼，我的实验室研究很多很酷的东西，但我并不研究触摸。相反，我是神经科学国度来的大使，要从这片大陆的深处传播好消息。事实上，"大使"这个称号太崇高了。老实说，我写这本书是因为，多年来，早在我从约翰·霍普金斯大学医学院开始学术生涯以来，就一直对触摸研究很感兴趣。一开始，我对 Steven Hsiao 和 Kenneth Johnson（两人都是触摸研究界传奇人物 Vernon Mountcastle 的弟子）对质地及形式辨别神经基础的开创性研究很感兴趣。接着，David Ginty 和同事们开展了对精细触摸感受器分子识别的严格实验，打开了全新层面的触觉分析；Michael Caterina 和 Xinzhong Dong 就疼痛、温度和痒主题提出了分子和基因见解，干得也相当漂亮。年轻的科学家 Daniel O'Connor 最近的研究，力争弥合触摸感觉和决策之间的差距。我对这些和蔼、才华横溢的创造性研究人员表示真挚的谢意，是他们让我对这个引人入胜的主题产生了兴趣。我还得到了来自世界各地更广泛的触摸研究社群的鼓励和建议。感谢所有花时间跟我在会议走廊上聊天、在深夜里答复我电子邮件的人。

找到一些专家支持自己总是很有意思的。Steven Hsiao、Sascha du Lac、Daniel O’Connor、Michael Caterina、David Ginty 和 Xinzhong Dong 还不辞劳苦地仔细阅读了我最初的手稿，并提出了建设性的意见。我还要感谢那些非业内人士的普通读者，是他们提出的要求，让我写得更清晰。他们还提醒我别写得过于书呆子气，还给我删掉了部分最招人反感、最蹩脚的轶事（如果留下来的仍让各位感到不大舒服，那可不是这些读者的错）。尤其是 Marion Winik、Kate Sanford、John Lane 和 Laura Coleson-Schreur，我要大声感谢你们。

我还要向出版界的专业人士深深鞠躬。Joan Tycko 又一次为我绘制了可爱而清晰的插图。编辑里的绅士 Rick Kot，拿起了手术刀、牵引器和探头，优雅而灵敏地为我的手稿做治疗。Rimjhim Dey 可能是全世界最棒的公关宣传家了：她聪明敏锐，哪怕在叨扰别人时，也能让人觉得快活、觉得自己很重要。我想不通她为何会这么棒。此外感谢 Wylie Agency 的 Andrew Wylie、Luke Ingram 和所有同仁，谢谢你们支持我。

虽然从某种意义上说，这本书的创作源头，来自约翰·霍普金斯大学的课堂研讨，但另一方面，它也来自我的亲身体验。感谢 Z. 多年来春风化雨般的爱抚，还有我可爱的双胞胎娜塔莉和雅各布，他俩一出生就彼此拥抱，而且从未厌倦，谢天谢地。

考虑到环保因素，也为了节省纸张、降低图书定价，本书编辑制作了电子版的注释与参考文献。请扫描下方二维码，下载“湛庐阅读”APP，搜索“触感引擎”，即可获得注释与参考文献列表。

未来，属于终身学习者

我这辈子遇到的聪明人（来自各行各业的聪明人）没有不每天阅读的——没有，一个都没有。巴菲特读书之多，我读书之多，可能会让你感到吃惊。孩子们都笑话我。他们觉得我是一本长了两条腿的书。

——查理·芒格

互联网改变了信息连接的方式；指数型技术在迅速颠覆着现有的商业世界；人工智能已经开始抢占人类的工作岗位……

未来，到底需要什么样的人才？

改变命运唯一的策略是你要变成终身学习者。未来世界将不再需要单一的技能型人才，而是需要具备完善的知识结构、极强逻辑思考力和高感知力的复合型人才。优秀的人往往通过阅读建立足够强大的抽象思维能力，获得异于众人的思考和整合能力。未来，将属于终身学习者！而阅读必定和终身学习形影不离。

很多人读书，追求的是干货，寻求的是立刻行之有效的解决方案。其实这是一种留在舒适区的阅读方法。在这个充满不确定性的年代，答案不会简单地出现在书里，因为生活根本就没有标准确切的答案，你也不能期望过去的经验能解决未来的问题。

湛庐阅读APP：与最聪明的人共同进化

有人常常把成本支出的焦点放在书价上，把读完一本书当做阅读的终结。其实不然。

时间是读者付出的最大阅读成本
怎么读是读者面临的最大阅读障碍
“读书破万卷”不仅仅在“万”，更重要的是在“破”！

现在，我们构建了全新的“湛庐阅读”APP。它将成为你“破万卷”的新居所。在这里：

- 不用考虑读什么，你可以便捷找到纸书、有声书和各种声音产品；
- 你可以学会怎么读，你将发现集泛读、通读、精读于一体的阅读解决方案；
- 你会与作者、译者、专家、推荐人和阅读教练相遇，他们是优质思想的发源地；
- 你会与优秀的读者和终身学习者为伍，他们对阅读和学习有着持久的热情和源源不绝的内驱力。

从单一到复合，从知道到精通，从理解到创造，湛庐希望建立一个“与最聪明的人共同进化”的社区，成为人类先进思想交汇的聚集地，共同迎接未来。

与此同时，我们希望能够重新定义你的学习场景，让你随时随地收获有内容、有价值的思想，通过阅读实现终身学习。这是我们的使命和价值。

湛庐阅读APP玩转指南

湛庐阅读APP结构图：

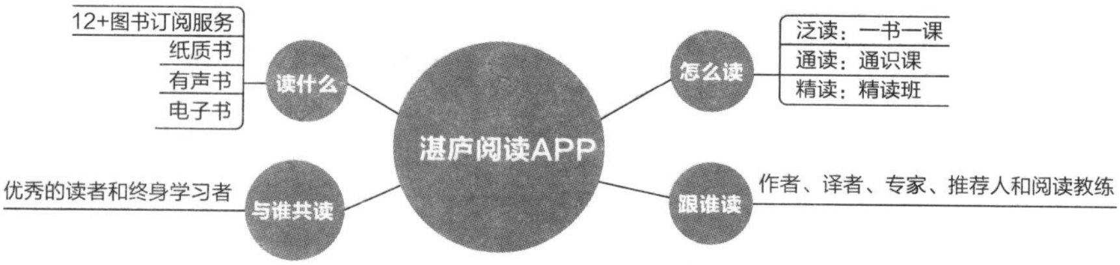

三步玩转湛庐阅读APP：

APP获取方式：

安卓用户前往各大应用市场、苹果用户前往APP Store
直接下载“湛庐阅读”APP，与最聪明的人共同进化！

使用APP扫一扫功能，
遇见书里书外更大的世界！

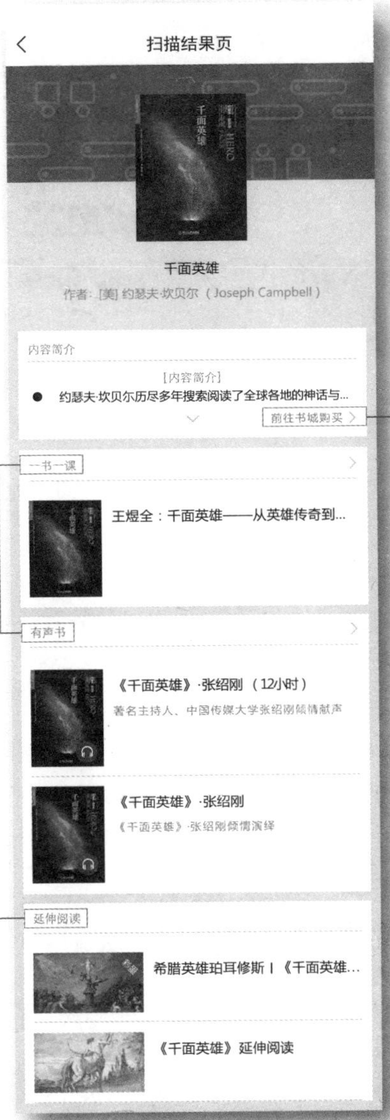

快速了解本书内容，
湛庐千册图书一键购买！

大咖优质课、
献声朗读全本一键了解，
为你读书、讲书、拆书！

你想知道的彩蛋
和本书更多知识、资讯，
尽在延伸阅读！

湛庐CHEERS

延伸阅读

《寻找爽点》

◎ 美国著名神经学家、约翰·霍普金斯大学医学院神经科学系教授大卫·林登经典之作全新再版。
◎ 从红酒到牛排，从冥想到自慰，这是一本与愉悦相关的有趣科学读物。
◎ 挖掘快乐的生理根源，细探人类的成瘾机制，从脑科学的角度，寻找人类行为问题的终极答案。

使用“湛庐阅读”APP，
“扫一扫”获取本书更多精彩内容
ISBN 978-7-213-08853-7

《情绪是什么》

◎ 文艺派新锐神经学家、欧洲神经科学与社会网络创始人乔瓦尼·弗契多所著。
◎ 一本关于情绪的百科全书，一次对神经科学的深度反思。
◎ 跳出纯粹的科学视角，从哲学、艺术、诗歌、音乐、戏剧等不同角度，诠释情绪在真实生活中带给我们的力量与意义。

使用“湛庐阅读”APP，
“扫一扫”获取本书更多精彩内容
ISBN 978-7-213-08637-3

《臣服的力量》

◎ 蜚声国际的能量治疗师兼医生朱迪斯·欧洛芙，为你剖析何为臣服，以及如何应用臣服。
◎ 结合精神医学、直觉疗愈和灵性指引，解开你关于金钱、工作、爱情、病痛、死亡等 11 大人生课题的疑惑。
◎ 重塑你对待生活和工作的观念，掌握臣服的关键诀窍。

使用“湛庐阅读”APP，
“扫一扫”获取本书更多精彩内容
ISBN 978-7-213-08759-2

《驾驭情绪的力量》

◎ 临床心理学博士、美国认知疗法研究院认证治疗师珍妮弗·泰兹撰写。
◎ 运用三大心理学治疗领域前沿理念，提供 52 项易于上手的自我练习及丰富精彩的故事案例，帮助你应对负面情绪，建立与食物的健康关系。
◎ 留美临床心理咨询师清流、美国认知疗法研究院创始人罗伯特·莱希、《意志力》作者罗伊·鲍迈斯特盛赞推荐。

使用“湛庐阅读”APP，
“扫一扫”获取本书更多精彩内容
ISBN 978-7-213-08800-1

图书在版编目（CIP）数据

触感引擎 /（美）大卫·林登著；闾佳译．—杭州：浙江人民出版社，2018.9

书名原文：Touch: The Science of Hand, Heart, and Mind

ISBN 978–7–213–08873–5

Ⅰ.①触… Ⅱ.①大… ②闾… Ⅲ.①触觉—心理学 Ⅳ.① B842.2

中国版本图书馆 CIP 数据核字（2018）第 184121 号

浙江省版权局
著作权合同登记章
图字 : 11-2018-425 号

上架指导：心理学 / 脑科学

触感引擎

［美］大卫·林登 著
闾 佳 译

出版发行：浙江人民出版社（杭州体育场路 347 号 邮编 310006）
市场部电话：（0571）85061682 85176516
集团网址：浙江出版联合集团 http://www.zjcb.com
责任编辑：朱丽芳
责任校对：杨 帆
印 刷：石家庄继文印刷有限公司
开 本：720mm × 965mm 1/16 印 张：14.75
字 数：189 千字
版 次：2018 年 9 月第 1 版 印 次：2018 年 9 月第 1 次印刷
书 号：ISBN 978–7–213–08873–5
定 价：69.90 元

如发现印装质量问题，影响阅读，请与市场部联系调换。